# 硫化氢防护培训教材

（第三版）

刘　钰　杨延美　林　波
潘积鹏　周德才　强永和　编著

中国石化出版社

## 内 容 提 要

本书主要包括硫化氢基础知识、硫化氢监测与防护设备、硫化氢事故应急管理、硫化氢中毒现场急救、钻井作业硫化氢防护、井下作业硫化氢防护、含硫油气井生产和天然气处理硫化氢防护、石油加工涉硫作业硫化氢防护、特殊涉硫作业硫化氢防护、二氧化硫气体的性质与防护和硫化氢典型事故案例剖析等内容。本书具有较强的针对性、实用性和可操作性，可作为硫化氢作业环境从业人员进行硫化氢防护培训的专业教材，也可供相关专业技术及管理人员参考。

**图书在版编目（CIP）数据**

硫化氢防护培训教材／刘钰等编著．—3 版．—北京：中国石化出版社，2015.7（2022.10 重印）
ISBN 978-7-5114-3456-2

Ⅰ.①硫… Ⅱ.①刘… Ⅲ.①油气钻井-硫化氢-防护-技术培训-教材 Ⅳ.①TE28

中国版本图书馆 CIP 数据核字（2015）第 165194 号



**中国石化出版社出版发行**
地址：北京市东城区安定门外大街 58 号
邮编：100011　电话：(010)57512500
发行部电话：(010)57512575
http://www.sinopec-press.com
E-mail：press@sinopec.com
北京柏力行彩印有限公司印刷
全国各地新华书店经销
*
787×1092 毫米 16 开本 11 印张 269 千字
2015 年 8 月第 3 版　2022 年 10 月第 5 次印刷
定价：30.00 元

# 前　言

油田企业的安全生产工作是一项系统工程，涉及油气勘探开发的全过程。随着石油天然气勘探开发力度的加大，由此带来的安全生产风险也在不断增加。以往全国相继发生过多起重、特大井喷(失控)、硫化氢中毒事故，不但给社会带来了严重的不良后果，同时也影响着石油天然气的生产安全。

油田企业硫化氢防护涉及钻井、测井、录井、试油(气)、修井、采油(气)、油气集输等作业环节。为使从业人员了解硫化氢危害特性、熟练掌握监测技术、人身安全防护设备使用等基本知识，提升从业人员事故预防和应急处置能力，我们结合油田企业近年来硫化氢防护培训的实际与需求，经过对胜利油田、中原油田、华北石油分公司、西南石油分公司、江苏油田等单位的广泛调研，编写了《硫化氢防护培训教材》。

该教材主要包括硫化氢基础知识、硫化氢监测与防护设备、硫化氢事故应急管理、硫化氢中毒现场急救、涉硫作业硫化氢防护、二氧化硫气体的性质与防护和硫化氢典型事故案例剖析等内容。该教材既可作为硫化氢作业环境从业人员进行硫化氢防护培训的专业教材，也可供相关专业技术及管理人员参考。

该教材主要依据《含硫化氢油气生产和天然气处理装置作业的推荐作法》(SY/T 6137—2005)、《含硫化氢油气井安全钻井推荐作法》(SY/T 5087—2005)、《含硫化氢油气井井下作业推荐作法》(SY/T 6610—2005)、《含硫油气田硫化氢监测与人身安全防护规程》(SY/T 6277—2005)等几个行业标准而编写的。该教材于2009年5月出版问世，2011年4月修订；付梓第二版，先后5次重印，得到了油田企业的广泛使用。这次应油田企业广大读者的要求，我们对原教材再作修订。

本次修订，依据国家卫计委2014年10月13日发布、2015年3月1日起实施的GBZ/T 259—2014《硫化氢职业危害防护导则》，增加了硫化氢职业危害防护规范性总要求等相关章节，对其内容进行了充实，补充了一些新规定、新案例，使本教材更加贴近硫化氢培训实际。我们希望各培训单位及读者在培训实施及业务学习过程中，要充分结合本企业的生产管理实际情况对新标准进行把握和使用。

该教材第一、二版由王秋建、杨延美、林波、潘积鹏、周德才、强永和、张红艳编著。第一、二、三、四章由王秋建、林波、潘积鹏、周德才执笔编写；第五、六、七章由强永和、张红艳、张合倩执笔编写；第八、九、十章由林波、潘积鹏、王海燕执笔编写；第十一章及附录由江本红、孔祥荣、张合倩执笔编写。完稿后，由林波、潘积鹏、强永和、张红艳分章节进行了修改，最后由刘钰教授统审。本次修订，由刘钰教授牵头，林波、潘积鹏等参与，在此一并表示衷心的感谢。

本教材在编写及修订过程中参考了大量的文献书籍，汲取了诸多专家的研究成果。对此，编者在该书的参考文献中尽可能地做了列举。在此，谨向有关作者、编者表示深深的谢意，并向出版这些书刊、读物的出版社致敬。

限于编者水平，错误和不妥之处在所难免，恳请读者批评指正，以便今后修订完善。

# 目　　录

# 第一章　硫化氢基础知识

硫化氢($H_2S$)是具有刺激性和窒息性的无色有毒气体。

在我国，硫化氢($H_2S$)中毒是威胁劳动者健康和生命的重要职业病危害因素。

硫化氢($H_2S$)中毒高危行业有石油化学工业、造纸、污水处理、食品及酿酒业等70余种。职业性硫化氢($H_2S$)中毒多由于生产设备损坏、输送硫化氢管道和阀门漏气、违反操作规程、生产故障以及各种原因引起硫化氢逸出等所致；或由于含硫化氢的废汽、废液排放不当及在疏通排污沟、粪池、发酵池等意外接触所致。

2003年12月23日22：15，重庆开县某油气田分公司川东北气矿罗家16H井发生天然气井喷事故，造成天然气中硫化氢中毒，井场周围居民和井队职工243人中毒死亡、2142人住院治疗、9万余人被紧急疏散安置、直接经济损失达6432.31万元。

硫化氢不仅严重威胁着人们的生命安全，而且还会造成严重的经济财产损失，影响企业的生产安全和安全发展。因此，为确保人身安全，杜绝硫化氢中毒事故的发生，就必须了解硫化氢气体的性质、来源和危害，编制、实施硫化氢事故应急预案，掌握预防硫化氢中毒的基本方法及现场急救知识。

## 第一节　硫化氢的性质及危害

硫化氢是一种剧毒、无色(透明)，比空气重的气体。硫化氢($H_2S$)分子是由两个氢原子和一个硫原子组成，它的相对分子质量为34.08。$H_2S$分子结构成等腰三角形，S—H键长为133.6pm，键角为92.1°。如图1-1所示。

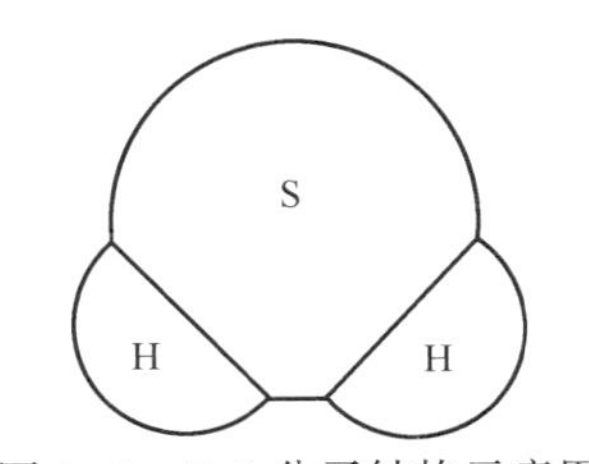


图1-1　$H_2S$分子结构示意图

### 一、硫化氢的性质

由于硫化氢致命的毒性往往引起人员死亡，因此为了预防硫化氢中毒事故的发生，首先要了解这种气体的物理化学性质。对于气体的理化性质应从颜色、气味、密度、爆炸极限、可燃性、可溶性和沸点等七个主要方面来描述。

(1) 颜色　硫化氢是无色、剧毒、酸性气体，人的肉眼看不见。这就意味着用眼睛无法判断其是否存在。因此，这种气体就变得更加危险。

(2) 气味　硫化氢有一种特殊的臭鸡蛋味，即使是低浓度的硫化氢，也会麻痹人的嗅觉神经，高含量时反而闻不到似臭鸡蛋的气味。因此绝对不能靠嗅觉来检测硫化氢的存在与否。

(3) 密度　硫化氢是一种比空气重的气体，其相对密度为1.189(15℃，0.010133MPa)。因此它存在于地势低的地方，如地坑、地下室、窨井里。如果发现处在被告知有硫化氢存在的地方，那么就应立刻采取自我保护措施。只要有可能，都要在上风向、地势较高的地方工作。

(4) 爆炸极限　当硫化氢气体与空气或氧气混合，比例在4.3%~46%就会爆炸，造成另一种令人恐惧的危险。因此有硫化氢气体存在的作业现场应配备硫化氢测报仪。

(5) 可燃性　完全干燥的硫化氢在室温下不与空气中的氧气发生反应，但点火时能在空气中燃烧，钻井、井下作业放喷时燃烧，燃烧率仅为86%左右。硫化氢燃烧时产生蓝色火焰。并产生有毒的二氧化硫气体，二氧化硫气体会损伤人的眼睛和肺。在空气充足时，生成$SO_2$和$H_2O$。

$$2H_2S+3O_2 = 2SO_2+2H_2O$$

若空气不足或温度较低时，则生成游离态的S和$H_2O$。

$$2H_2S+O_2 = 2S+2H_2$$

这表明$H_2S$气体在高温下显示有一定的还原性。

(6) 可溶性　硫化氢气体能溶于水、乙醇及甘油中，在常温常压下(20℃、一个大气压)，1体积的水中可溶解2.6体积硫化氢气体，生成的水溶液称为氢硫酸，氢硫酸比硫化氢气体具有更强的还原性，易被空气氧化而析出硫，使溶液变混浊，在酸性溶液中，硫化氢能使$Fe^{3+}$还原为$Fe^{2+}$，$Br_2$还原为$Br^-$，$I_2$还原为$I^-$，$MnO_4$还原为$Mn^{2+}$，$Cr_2O_7^{2-}$还原为$Cr^{3+}$，$HNO_3$还原为$NO_2$，而它本身通常被氧化为单质硫，当氧化剂过量很多时，$H_2S$还能被氧化为$SO_4^{2-}$，有微量水存在的$H_2S$能使$SO_2$还原为S。

$$2H_2S+SO_2 = 3S+2H_2O$$

硫化氢能在液体中溶解，这就意味着它能存在于某些存放液体(包括水、油、乳液和污水)的容器中。硫化氢的溶解度与温度、气压有关。只要条件适当，轻轻地振动含有疏化氢的液体，可使硫化氢气体挥发到大气中。

(7) 沸点　液态硫化氢的沸点很低，因此我们通常接触到的是气态的硫化氢，其沸点为-60.2℃，熔点为-82.9℃。

## 二、硫化氢的暴露极限

### 1. 硫化氢浓度的描述

硫化氢浓度的描述一般有两种方式：一是体积浓度，也就是硫化氢在气体中的体积分数，用ppm表示，1ppm=1/1000000；二是质量浓度，即硫化氢在$1m^3$气体中的质量数，用$mg/m^3$表示。国际上常用ppm表示，而我国标准中常用$mg/m^3$表示。硫化氢气体在标准状况下1ppm约等于$1.5mg/m^3$。

### 2. 硫化氢的暴露极限

硫化氢是一种剧毒气体，与它接触可以使人从极微弱的不舒适到死亡。我国石油勘探开发过程中对硫化氢的暴露限制作了相应的规定，这些规定对保护工作人员的生命安全是十分重要的。

(1) $15mg/m^3$(10ppm)　几乎所有工作人员长期暴露在此浓度以下工作都不会产生不利影响的上限值，即阈限值。二氧化硫的阈限值为$5.4mg/m^3$(2ppm)。

（2）30mg/m$^3$（20ppm）　工作人员暴露安全工作8h可接受的硫化氢最高浓度，即安全临界浓度。

（3）150mg/m$^3$（100ppm）　硫化氢达到此浓度时，对生命和健康会产生不可逆转的或延迟性的影响，即危险临界浓度。

（4）450mg/m$^3$（300ppm）　硫化氢达到此浓度会立即对生命造成威胁，或对健康造成不可逆转的或滞后的不良影响，或将影响人员撤离危险环境的能力，即对生命或健康有即时危险的浓度。

## 三、硫化氢对人体的危害

全世界每年都有人因硫化氢中毒而死亡的事故发生。硫化氢中毒已成为职业中毒杀手，在我国硫化氢中毒死亡仅次于一氧化碳，占到第二位。

硫化氢是一种神经毒气，亦为窒息性和刺激性气体。其毒作用的主要靶器是中枢神经系统和呼吸系统，亦可伴有心脏等多器官损害，对中毒作用最敏感的组织是脑和黏膜接触部位。一个人对硫化氢的敏感性随其与硫化氢接触次数的增加而减弱，第二次接触就比第一次危险，依次类推。硫化氢被吸入人体，首先刺激呼吸道，使嗅觉钝化、咳嗽，严重时将其灼伤；其次，刺激神经系统，导致头晕，丧失平衡，呼吸困难，心跳加速，严重时心脏缺氧而死亡。硫化氢进入人体，将与血液中的溶解氧产生化学反应。当硫化氢浓度极低时，将被氧化，对人体威胁不大，而浓度较高时，将夺去血液中的氧，使人体器官缺氧而中毒，甚至死亡。如果吸入高浓度（一般300ppm以上）硫化氢，中毒者会迅速倒地，失去知觉，伴剧烈抽搐，瞬间呼吸停止，继而心跳停止，这被称为“闪电型”死亡。此外，硫化氢中毒还可引起流泪、畏光、结膜充血、水肿、咳嗽等症状。中毒者也可表现为支气管炎或肺炎，严重者可出现肺水肿、喉头水肿、急性呼吸综合症，少数患者可有心肌及肝脏损害。吸入低浓度硫化氢也会导致以下症状：疲劳、眼痛、头痛、头晕、兴奋、恶心和肠胃反应、咳嗽、昏睡。

1. 硫化氢进入人体的途径

硫化氢只有进入人体并与人体的新陈代谢发生作用后，才能对人体造成伤害。硫化氢主要通过三个途径进入人体：

（1）通过呼吸道吸入；

（2）通过皮肤吸收；

（3）通过消化道吸收。

硫化氢主要从呼吸道吸入，只有少量经过皮肤和胃肠进入人体。

2. 硫化氢对人体造成的主要损害

（1）中枢神经系统损害（最为常见）

① 接触较高浓度硫化氢后可出现头痛、头晕、乏力、供给失调，可发生轻度意识障碍。常先出现眼和上呼吸道刺激症状。

② 接触高浓度硫化氢后以脑病表现显著，出现头痛、头晕、易激动、步态蹒跚、烦躁、意识模糊、谵妄、癫痫样抽搐，可呈全身性强直痉挛等；可突然发生昏迷；也可发生呼吸困难或呼吸停止后心跳停止。

③ 接触极高浓度硫化氢后可发生电击样死亡，即在接触后数秒或数分钟内呼吸骤停，数分钟后可发生心跳停止；也可立即或数分钟内昏迷，并呼吸骤停而死亡。死亡可在无警觉的情况下发生，当察觉到硫化氢气味时嗅觉立即丧失，少数病例在昏迷前瞬间可嗅到令人作

呕的甜味。死亡前一般无先兆症状，出现呼吸深而快，随之呼吸骤停。

（2）呼吸系统损害

可出现化学性支气管炎、肺炎、肺水肿、急性呼吸窘迫综合征等。少数中毒病例以肺水肿的临床表现为主，而神经系统症状较轻。可伴有眼结膜炎和角膜炎。

（3）心肌损害

在中毒病例中，部分病例可发生心悸、气急、胸闷或心绞痛样症状，少数病例在昏迷恢复、中毒症状好转1周后发生心肌梗塞一样的表现。心电图呈急性心肌死一样的图形，但可很快消失。其病情较轻，病程较短，治愈后良好，诊疗方法与冠状动脉硬化性心脏病所致的心肌梗塞不同，故考虑为弥漫性中毒性心肌损害。心肌酶谱检查可有不同程度异常。

3. 硫化氢环境下对人体健康的影响

通常，当大气中的硫化氢含量达到0.13ppm时，有明显的臭蛋味，随浓度的增加臭蛋味增加，但当浓度超过30mg/$m^3$(20ppm)时，由于嗅觉神经麻痹，臭味反而不易嗅到。当硫化氢浓度大于700ppm时，人很快引起急性中毒。当急性中毒时，多在事故现场发生昏迷，其程度因接触硫化氢的浓度和时间而异，偶可伴有或无呼吸衰竭。部分病例在脱离事故现场或转送医院途中即可复苏。到达医院时仍维持生命特征的患者，如无缺氧性脑病，多数恢复较快。昏迷时间较长者在复苏后可有头痛、头晕、视力或听力减退、定向障碍、共济失调或癫痫样抽搐等，绝大部分病人可完全恢复。硫化氢的立即威胁生命或健康浓度：142mg/$m^3$(100ppm)。

表1-1是不同浓度的硫化氢气体及其对人体的影响。

**表1-1 不同浓度硫化氢对人的影响**

| 在空气中浓度 mg/$m^3$(ppm) | 暴露时间 | 暴露于硫化氢人体反应 |
|---|---|---|
| 1400(1000) | 立即 | 昏迷并呼吸麻痹而死亡，除非立即进行人工呼吸急救 |
| 1000(700) | 数分钟 | 很快引起急性中毒，出现明显的全身症状。开始呼吸加快，接着呼吸麻痹，如不及时救治死亡 |
| 700(500) | 15~60min | 可能引起生命危险——发生肺水肿、支气管炎及肺炎，接触时间更长者，可引起头痛、头昏、步态不稳、恶心、呕吐、鼻咽喉发干及疼痛、咳嗽、排尿困难等，昏迷。如不及时救治可出现死亡 |
| 300~450(200~300) | 1h | 可引起严重反应——眼和呼吸道黏膜强烈刺激症状，并引起神经系统抑制，6~8min即出现急性眼刺激症状。长期接触可引起肺水肿 |
| 70~150(50~100) | 1~2h | 出现眼及呼吸道刺激症状。吸入2~15min即发生嗅觉疲劳。长期接触可引起亚急性或慢性结膜炎 |
| 30~40(20~30) | — | 虽臭味强烈，仍能耐受。这可能是引起局部刺激及全身性症状的阈浓度。部分人出现眼部刺激症状，轻微的结膜炎 |
| 4~7(2.8~5) | — | 中等强度难闻臭味 |
| 0.18(0.13) | — | 微量的可感觉到的臭味 |
| 0.011 | — | 嗅觉阈 |

注：引自美国国家职业安全卫生研究所(NIOSH) NIOSH Pocket Guide to Chemical Hazards(DHHS No. 2005-149)数据。

## 四、硫化氢对环境的污染

全世界每年估计进入大气的硫化氢约1亿吨左右，人为产生(工厂泄漏、释放)每年约

300万吨。硫化氢在大气中很快被氧化为 $SO_2$，这使工厂及城市局部大气中 $SO_2$ 浓度升高，这对人和动植物有伤害作用。$SO_2$ 在大气中氧化成二价硫酸根离子是形成酸雨和降低能见度的主要原因。水中含有硫化氢除了发臭外，对混凝土和金属都有侵蚀作用。水中的硫化氢含量超过0.5~1.0mg/L时，对鱼类有害。

### 五、硫化氢对石油开发设备、装置及配套工具的腐蚀

硫化氢溶于水形成弱酸，对金属的腐蚀形式有电化学失重腐蚀、氢脆和氢损伤，以后两者为主，一般统称为氢脆破坏。氢脆破坏往往造成井下管柱的突然断落，地面管汇和仪表的爆破，井口装置的破坏，甚至发生严重的井喷失控或着火事故。

在地面设备、井口装置、井下工具中，都有橡胶、浸油石墨、石棉绳等非金属材料制作的密封件。它们在硫化氢环境中使用一定时间后，橡胶会产生鼓泡胀大，失去弹性；浸油石墨及石棉绳上的油被溶解而导致密封件的失效，引发生产事故。

## 第二节　硫化氢职业接触识别及危害评估

### 一、硫化氢的职业接触识别

1. 硫化氢的产生途径

（1）自然界中伴生在石油、天然气、金属矿、煤矿、天然矿泉等中的硫化氢，伴随上述物质进入开采、运输、贮存等工作场所。

（2）含硫的有机质在厌氧条件下降解或在硫酸盐还原菌作用下分解产生硫化氢，在无通风或通风不良环境下，积聚在地势低洼区域或密闭空间内，如池、沼泽、坑、洞、窖、井、下水道、仓、罐、槽等。

（3）生产中含硫的有机物料在加温、加氢、酸化等过程中硫转化为硫化氢。

（4）生产中硫化物或含硫化物物料，与酸混合，硫化物与酸反应产生硫化氢，在未得到有效控制的情况下逸散到空气中。

2. 硫化氢的行业分布

工业生产中很少使用硫化氢，接触的硫化氢一般是某些化学反应和蛋白质自然分解过程的产物，常以副产物或伴生产物的形式存在。接触硫化氢较多的行业有石油天然气开采业、石油加工业、煤化工业、造纸及纸制品业、煤矿采选业、化学肥料制造业、有色金属采选业、有机化工原料制造业、皮革、毛皮及其制品业、污水处理业(化粪池)、食品制造业(腌制业、酿酒业)、渔业、城建环卫等。

3. 易发生硫化氢中毒的作业环节

硫化氢中毒多由于含有硫化氢介质的设备损坏，输送含有硫化氢介质的管道和阀门漏气. 违反操作规程、生产故障以及各种原因引起的硫化氢大量生成或逸出，含硫化氢的废气、废液排放不当，无适当个人防护情况下疏通下水道、粪池、污水池等密闭空间作业，硫化氢中毒事故时盲目施救等所致。常见的易发生硫化氢中毒的作业环节如下，典型急性硫化氢中毒案例举例及分析见附录D：

（1）含硫油气田的钻井、采油、采气作业中，出现井喷；

（2）石油、天然气以及煤气化生产装置，含有硫化氢的设备、管线发生泄漏；

（3）含硫化氢物料非密闭采样；

（4）石油加工、化工企业含硫化氢装置设备检维修作业，含硫化氢物料储罐内检维修及清罐作业，含硫化氢污水切水、排凝等作业；

（5）地下沟、窖、井、化粪池、沼气池、污水处理场等清理、挖掘、维修等作业；

（6）酒槽、腌槽（坑）、库、渔舱等清理作业；

（7）造纸厂污水池、管道疏通作业、制浆系统等检维修作业；

（8）有色金属选矿硫洗作业。

4. *石油勘探开发施工及炼制作业环节硫化氢来源*

1）钻井施工中硫化氢气体的来源

对于油气井中硫化氢的来源可归结于以下几个方面：

（1）热作用于油层时，石油中的有机硫化物分解，产生出硫化氢。

（2）石油中的烃类和有机质通过储集层水中的硫酸盐的高温还原作用而产生硫化氢。

（3）通过裂缝等通道，下部地层中硫酸盐层的硫化氢上窜而来。

（4）某些钻井液处理剂在高温热分解作用下，产生硫化氢。

2）井下作业施工中硫化氢气体的来源

对于含硫化氢油气井，井下作业时循环洗井、循环压井、抽吸排液、放喷排液都会释放出硫化氢气体，所以循环罐、油罐和储液罐周围有可能存在硫化氢气体超标。这是由于液体的循环、自喷或抽吸井内的液体进入罐中造成的。

注意：油罐的顶盖、计量孔盖和封闭油罐的通风管，都是硫化氢向外释放的途径。在井口、压井液、放喷管、循环泵、管线中也可能有硫化氢气体。

另外，通过修井与修井时流入的液体，硫酸盐产生的细菌可能会进入以前未被污染的地层。这些地层中的细菌的增长作为它们生命循环的一部分，将从硫酸盐中产生硫化氢。这个事实已经在那些未曾有过硫化氢的气田中被发现。

3）采油采气中硫化氢气体的来源

在采油采气作业中，以下场所或装置可能有硫化氢气体的泄漏：

（1）水、油或乳化剂的储藏罐。

（2）用来分离油和水及乳化剂和水的分离器。

（3）空气干燥器。

（4）输送装置、集油罐及其管道系统。

（5）用来燃烧酸性气体的放空池和放空管汇。

（6）提高石油回收率也可能会产生硫化氢气体。

（7）装卸场所。油罐车一连数小时地装油，装卸管线时管理不严，司机没有经过专门培训，而引起硫化氢气体泄漏。

（8）计量站调整或维修仪表。

（9）气体输入管线系统之前，用来提高空气压力的空气压缩机。

4）酸洗作业硫化氢的来源

酸洗输油输气管道时也可产生硫化氢气体。酸洗一个高30.48m、直径1.83m的容器时，约0.45kg的硫化铁将产生含量大约为2250mg/m$^3$（1500ppm）的硫化氢。在对地层的酸化或酸压时，地层中的某些含硫的矿石如硫化亚铁与酸液接触也会产生硫化氢。

注水作业时，注入作业液中的硫酸盐被细菌及微生物分解后，造成对地层的污染，在地层中产生硫化氢气体，使硫化氢的含量增加。

5）炼化企业硫化氢气体的来源

对于炼化企业，硫化氢通常出现在炼油厂、化工厂、脱硫厂、油/气/水井或下水道、沼泽地以及其它存在腐烂有机物的地方。

硫化氢主要来源于：

（1）原始有机质转化为石油和天然气的过程中会产生硫化氢。

（2）在炼油化工过程中，硫化氢一般是以杂质形式存在于原料中或以反应产物的形式存在于产品中。

（3）硫化氢也可能来自辅助作业或检维修过程，例如用酸清洗含有 FeS 的容器，发生酸碱反应生成硫化氢；或将酸排入含硫废液中，发生化学反应生成硫化氢。

（4）水池管道中长期注入含氧水（如海水、含盐水、地下水），在注入过程中由于硫酸盐还原菌的作用，会导致水池中的溶液“酸化”而产生硫化氢。

以某油田炼油厂为例，硫化氢主要分布在新联合车间、丙烷车间、加氢与调合车间、供水车间、动力车间。具体情况如下：

（1）常压塔顶油气分离容器分离出来的气体含有硫化氢，常压塔顶油气分离容器分离出来的气体主要成分是甲烷气，在甲烷气中混合有硫化氢。硫化氢是在常压蒸馏过程中，原油中含有的混合硫，经过加热炉的加热裂解硫化氢生成，在蒸馏过程中因硫化氢比较轻，随着混合油中的轻组分上升到塔顶分离容器分离出来。这部分气体进入常压炉作为燃料燃烧。

（2）减压塔顶气含有硫化氢，减压塔顶气主要成分也是甲烷气，减压塔顶气主要是减压塔抽真空泵抽真空时，抽出来的气体，这部分气体中混合有硫化氢。硫化氢是在减压蒸馏过程中，常减压塔底抽出的塔底油作为减压塔原料中含有硫化物，经过减压加热炉的加热裂解硫化氢生成，在减压塔内因硫化氢比较轻，随着混合油中的轻组分上升到塔顶，经过抽真空泵抽出送到常压加热炉作为燃料燃烧。

（3）污水汽提塔顶酸性气含有硫化氢，污水汽提塔主要是处理常减压装置、催化装置生产时产生的污水，因污水含有硫化氢，氨氮对环境有害的物质，不能向外排放，必须在生产装置内处理完后达标排放，在处理中污水汽提塔含有硫化氢的污水从塔上部向下流，从塔下面给的蒸汽进行汽提，硫化氢就慢慢上升到塔顶，塔顶 $H_2S$ 气体经过脱水后送入焚烧炉中在 860℃燃烧。

（4）吸收塔顶中干气含有硫化氢，主要是在催化加工过程中，催化原料中混合硫化物，在反应裂化过程中生产的硫化氢经过吸收塔分离，吸收塔顶的气体中就含有硫化氢。这部分气体作为全厂的加热炉的燃料进行燃烧。

（5）碱渣处理装置硫化氢主要集中在中和水存储罐顶气中。

碱渣处理装置主要是将蒸馏、催化生产中用以精制产品的废碱液，用酸进行中和合格后送到污水处理厂。污水处理厂进一步处理达到环保要求后外排，在处理过程中，因酸碱进行中和时反应过程比较复杂就产生了含有 $H_2S$ 的中和水，中和水在储罐中存储时就从罐顶冒出。

（6）丙烷车间减黏裂化装置在生产过程中，原料伴沥青经加热到 430~440℃进行裂解反应，其中内含的硫化物反应后生成硫化氢，从分馏塔 T4102 顶馏出经冷凝冷却（E4102）后进入减黏回流罐 V4102，大部分跟随减黏瓦斯被送至加热炉 F4101 作燃料烧掉，少部分随减黏轻污油送往罐区。

（7）供水车间硫化氢分布主要集中在以下部位：

——BAF装置：来水源于碱渣酸化装置，产生于加酸后的含硫污水。

——污水1#提升泵站：主要来自新联合车间。含硫污水来源于常减压塔顶，减塔顶回流罐切水；催化裂化分馏塔顶回流罐切水，催化富气水洗水，液态烃罐脱水，稳定塔顶油气分离器等。

——污水5#提升泵站：源自气柜换水时排出含硫污水(不定期)。

(8) 动力车间硫化氢主要产生在锅炉燃煤环节，锅炉燃煤中含硫，燃烧后产生的烟气含有二氧化硫。

### 二、危害风险评估

根据硫化氢职业接触识别及危害程度分析，对硫化氢作业进行风险评估，确定硫化氢作业的风险水平，制定必要的防护措施以消除或降低危害。风险评估主要内容包括：

(1) 存在硫化氢工作场所的主要工作内容，职业安全卫生操作规程可靠性分析；

(2) 硫化氢可能泄漏或逸散的场所部位，泄漏或逸散的原因分析，泄漏或逸散量估计，可能影响范围分析，出现泄漏或逸散后控制措施分析；

(3) 硫化氢工作场所作业人员数量，作业人员接受硫化氢知识培训情况，掌握自救互救技能人员数量；

(4) 工作场所硫化氢防护设施及使用运行情况；

(5) 个人防护用品配备种类及适用性和数量分析；

(6) 工作场所附近可使用的应急救援设施的配置情况及适用性分析；

(7) 硫化氢中毒事故应急救援预案可行性分析；

(8) 硫化氢工作场所周边医疗救护机构救护能力分析；

(9) 硫化氢工作场所周边人群及社会单位分布情况。

## 第三节 硫化氢防护常用术语和定义

1. 阈限值 threshold limit value(TLV)

几乎所有工作人员长期暴露都不会产生不利影响的某种有毒物质在空气中的最大浓度。硫化氢的阈限值为10ppm；$SO_2$的阈限值为2ppm。

此浓度也是硫化氢监测的一级报警值。

2. 安全临界浓度 safety critical concentration

工作人员在露天安全工作可接受的某种有毒物质在空气中的最大浓度。硫化氢的安全临界浓度为20ppm，达到此浓度，现场作业人员必须佩戴正压式空气呼吸器。

此浓度也是硫化氢监测的二级报警值。

3. 危险临界浓度 dangerous threshold limit value

对生命和健康会产生不可逆转的或延迟性的影响的某种有毒物质在空气中的最大浓度。硫化氢的危险临界浓度为100ppm。

达到此浓度，现场作业人员应按预案立即撤离现场。

此浓度也是硫化氢监测的三级报警值。

4. 含硫化氢天然气 nature gas with hydrogen sulfide

指天然气的总压等于或大于0.4MPa，而且该气体中硫化氢分压等于或高于0.0003MPa；

或硫化氢含量大于50ppm的天然气。

5. 呼吸区　breathing zone

肩部正前方直径在15.24~22.86cm的半球型区域。

6. 硫化氢连续监测设备　continuous hydrogen sulfide monitoring equipment

能连续测量并显示大气中硫化氢浓度的设备。图1-2为硫化氢连续监测设备和数据接收装置。

7. 封闭设施　enclosed facility

一个至少有2/3的投影平面被密闭的三维空间，并留有足够尺寸保证人员进入。对于典型建筑物，要求2/3以上的区域有墙、天花板和地板。

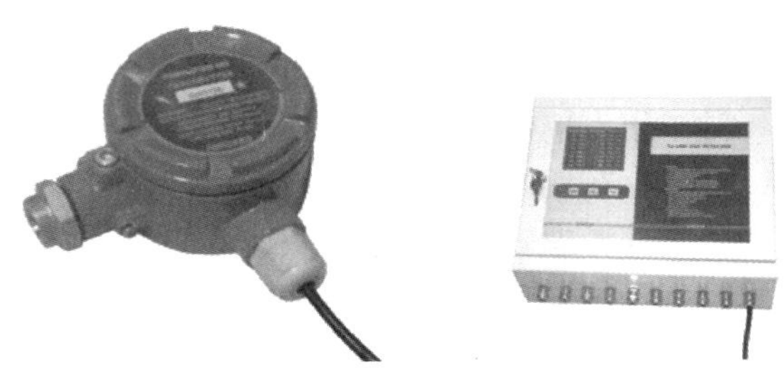

图1-2　硫化氢连续监测设备和数据接收装置

8. 不良通风　inadequately ventilated

通风(自然或人工)无法有效地防止大量有毒或惰性气体聚集，从而形成危险。

9. 现场避难所　shelter-in-place

指通过让居民呆在室内直至紧急疏散人员到来或紧急情况结束，避免暴露于有毒气体或蒸气环境中的公众保护措施。图1-3、图1-4分别为中国及加拿大现场避难所标志。

图1-3　国内的现场避难所标志

图1-4　加拿大使用的现场避难所标志

10. 密闭空间　confined spaces

与外界相对隔离，进出口受限，自然通风不良，足够容纳一人进入并从事非常规、非连续作业的有限空间(如炉、塔、釜、罐、槽车以及管道、烟道、隧道、下水道、沟、坑、井、池、涵洞、船舱、地下仓库、储藏室、地窖、谷仓等)。

11. 应急救援设施　first aid facilities

在工作场所设置的报警装置、现场急救用品、洗眼器、喷淋装置等冲洗设备和强制通风设备，以及应急救援使用的通信、运输设备等。

## 第四节　硫化氢职业危害防护规范性总要求

由中国石化集团公司职业病防治中心、山东省职业卫生与职业病防治研究院、中国石油化工股份有限公司天津分公司职业病防治所牵头起草的GBZ/T 259—2014《硫化氢职业危害防护导则》，作为国家职业卫生标准于2014年10月13日由国家卫计委发布，自2015年3月1日开始实施。

本标准规定了硫化氢职业危害防护的职责与基本要求、硫化氢职业接触危害识别及风险评估、职业卫生防护措施及应急救援措施，适用于职业活动中硫化氢危害的预防和控制。

本节内容主要来源于该标准。

## 一、职业卫生防护的职责与基本要求

(1) 用人单位应按照GBZ/T225的要求，结合本单位具体情况，设置或指定职业卫生管理机构，配备专职或兼职的职业卫生管理人员。主要负责人和职业卫生管理人员应当具备硫化氢防护知识和职业卫生管理能力。

(2) 用人单位应制定职业卫生管理制度，具体内容可参照GBZ/T 225执行。

(3) 存在硫化氢危害的用人单位，在新建、改建、扩建、技术改造和技术引进项目设计时，应充分考虑硫化氢的特性和危害性，项目选址、总体布局、厂房设计、建筑卫生学要求、应急救援、卫生辅助用室等应符合GBZ 1的要求。硫化氢中毒防护设施的设计应与主体工程同时设计，同时施工，同时投入生产和使用，使工作场所硫化氢的浓度符合GBZ 2.1的要求。不同浓度硫化氢危害性见附录A。

(4) 用人单位应针对硫化氢作业，制定职业安全卫生操作规程，加强作业过程管理。对职业安全卫生操作规程的执行情况应进行经常性的监督检查。

(5) 用人单位应对可能接触硫化氢的人员进行硫化氢危害防护培训，不得安排未经培训的人员从事硫化氢危害作业，具体培训内容和要求参见附录B。

(6) 可能发生硫化氢中毒的工作场所，在没有采取适当防护措施的情况下，任何单位和个人不应强制作业人员进行作业。同时，作业人员有权拒绝该作业。

(7) 用人单位将可能存在硫化氢危害的作业承包给其他用人单位或个人时，应告知承包单位或个人工作场所可能存在的硫化氢危害、分布及应采取的防护措施，严格审查承包单位的职业安全卫生作业条件，不得将硫化氢危害作业承包给不具备相应资质、不符合职业安全卫生条件的作业单位及个人。用人单位与承包单位签订的安全作业合同应包括硫化氢防护责任的内容，明确双方在职业病防护中的职责。

(8) 用人单位应做好硫化氢危害的告知工作，提高对硫化氢危害的认识，具体要求参照GBZ/T 203、GBZ/T 204和GBZ/T 225执行。

(9) 用人单位应建立工作场所硫化氢浓度监测(检测)制度，具体内容包括：

a) 用人单位应建立硫化氢工作场所日常监测制度，监测周期每月1次；

b) 用人单位应委托有资质的职业卫生检测机构进行工作场所硫化氢浓度检测与评价，每半年至少一次，现场采样按照GBZ 159执行，测定方法按照GBZ/T 160.33执行；

c) 其他检测：在生产波动、有异味产生，有不明原因的人员昏倒及特殊作业前(如进入含硫化氢的塔、容器、窖、井、污水池内、下水道等作业)均应进行硫化氢浓度检测。检测方法宜反应时间短、定性准、定量相对准确；

d) 监测、检测结果应及时告知作业人员；

e) 日常监测、检测中发现的硫化氢浓度超标情况应立即通知作业单位，查找原因，进行整改，并做动态监测；

f) 监测、检测记录应长期保存。

(10) 用人单位应为接触硫化氢作业人员配备合适的个人防护用品，并监督其正确使用。

(11) 用人单位应按照GBZ/T 229.2的要求，对本单位存在硫化氢的工作场所进行危害作业分级。对Ⅱ级（中度危害作业）和Ⅲ级（重度危害作业）工作场所应加强管理，采取相应的预防措施，保证劳动者的身体健康。

（12）用人单位应组织接触硫化氢作业人员进行上岗前、在岗期间和应急的职业健康检查。检查项目、周期、职业禁忌证、健康监护档案管理等参照 GBZ 188 执行。

## 二、职业卫生防护措施

1. 工程技术防护措施

（1）对存在硫化氢的生产工艺和设备，宜按照 GBZ/T 194 的规定，尽量考虑自动化、机械化、密闭化。将硫化氢浓度控制在 GBZ 2.1 规定的范围内。

（2）存在硫化氢的设备和管道应采取有效的密闭措施，密闭形式应根据工艺流程、设备特点、生产工艺、安全要求及便于操作、维修等因素确定。

（3）在工艺条件允许的情况下，尽可能将硫化氢产生源密闭起来，通过通风管将含硫化氢空气排出，送往吸收装置。作业时，先启动吸收系统，保证生产过程中设备内为负压操作状态，防止微量硫化氢气体外溢。

（4）煤气、天然气、燃煤焦化、有色金属冶炼等过程中排放含有硫化物气体的，应当配备脱硫装置或者采取其他脱硫措施。

（5）设备管线应充分考虑硫化氢的腐蚀性，采用合适的防腐蚀措施，例如选用合适的防腐材质、内部涂镀防腐材料、物料中添加缓蚀剂、阴极保护等。部分长期停工和暂不开工的生产装置，应采取化学清洗、钝化处理等措施，防止造成装置严重腐蚀和设备损坏。

（6）存在硫化氢的室内工作场所应设置全面通风或局部通风设施，通风设施设置应满足 GBZ1 的要求。

（7）可能发生硫化氢大量泄漏或逸散的室内工作场所，应设置事故通风装置及与事故排风系统相连锁的泄漏报警装置，事故通风的通风量、控制开关设置、进风口和排风口设置应满足 GBZ1 的要求。

（8）对产生硫化氢的生产过程和设备，其含硫化氢介质的物料采样系统应根据物料特点，设计适宜的密闭采样设施。

（9）对产生硫化氢的生产过程和设备，其含硫化氢的酸性水、酸性气排放、含硫化氢酸性水切水设施等，应设计为密闭系统，酸性水、酸性气应有统一处理设施。含硫污水应密闭送入污水汽提装置处理，禁止排入其他污水系统或就地排放。

（10）存在硫化氢的工作场所应在便于观察处设置醒目的风向标，风向标的设置宜采用高点和低点双点的设置方式，高点设置在场所最高处，低点设置在人员相对集中的区域。

（11）存在硫化氢泄漏或大量逸散危险的工作场所应设置固定式硫化氢检测报警仪，检测报警仪的选用、设置位置、数量、报警阈值、管理与维护应参照 GBZ/T 223 和 GB 50493 的要求执行。

2. 作业过程防护

（1）用人单位应对本单位工作场所硫化氢分布及可能泄漏或逸出情况进行充分辨识分析，确定本单位硫化氢重点防护区域及重点防护作业环节。

（2）硫化氢工作场所入口醒目位置应设置硫化氢职业病危害告知卡．告知卡内容参照 GBZ/T 203 执行。在可能泄漏硫化氢的位置设置“当心硫化氢中毒”的警示标识和红色警示线，标识和警示线设置参照 GBZ 158 执行。

(3) 在可能发生硫化氢泄漏或逸散的室内工作场所作业，应开启通风设施。通风设施应经常性检查与维护，保证正常运转及通风效率。

(4) 可能接触硫化氢的作业，作业人员应在产生硫化氢源的上风侧操作。

(5) 凡进入存在硫化氢的工作场所，应携带个人防护用品及便携式硫化氢检测报警仪，报警仪的报警阈值设定、检定和维护参照 GBZ/T 223 执行。

(6) 生产中存在硫化氢的用人单位，因原料组分变化、加工流程变化、设备改造或操作条件变化等可能导致硫化氢浓度超过允许含量时，生产管理部门应及时通知有关作业单位、班组或人员。

(7) 严格执行设备维护保养的规定和要求，对涉及硫化氢的设备、管道、阀门、法兰、连接件、测量仪表及其他部件等应从材质、安装、检验、检测等各方面加强管理，确保设备正常运行。对重要管线进行颜色标识，对主要易被腐蚀设备的重点部位要定期检查测厚，建立检测台账。对含硫化氢的装置设备、管道、仪表等进行调试和检维修作业时，应做好现场硫化氢浓度检测与硫化氢作业安全卫生监护。

(8) 在使用、输送、生产和可能释放硫化氢的工作场所应禁止吸烟及使用其他可产生静电、明火的设备。

(9) 被硫化氢污染或有压力的硫化氢储罐应适当处理，如储存区域应通风良好，防火，与氧化性物质、腐蚀性液体和气体、热源、明火以及产生火花的设备分开存放，以避免对作业人员造成危害。

(10) 储存有机质类物质通风不良易造成硫化氢生成及积聚的场所，应采取经常通风、减少有机质堆积、经常清洗等措施，以减少硫化氢的生成，加强硫化氢扩散。

(11) 某些作业过程需要输送酸和硫化物溶液，如皮革鞣制，酸和硫化物溶液的输送管道应分开布置，并进行标识，以避免酸和硫化物意外混合产生硫化氢。

(12) 实验室内产生或释放硫化氢的实验分析过程应在通风橱中进行，操作过程中实验人员不能将头伸入通风橱中。

(13) 作业过程中可能接触大量硫化氢的，应严格执行操作规程，根据具体的作业特点强化过程管理，特殊硫化氢作业过程注意事项参见附录 E。

3. 密闭空间作业防护

(1) 存在密闭空间作业的用人单位，应按照 GBZ/T 205 的要求，从准人许可制度建立、操作规程制定、人员职责确定、职业卫生培训、危害因素识别与评估、防护设施提供、个人防护用品配备、警示标识设置、应急救援保障等方面落实职责。

(2) 明确准入者、监护者及作业负责人的职责，可参照 GBZ/T 205 执行。所有准入者、监护者、作业负责人及其他应急救援人员应经培训考试合格。

(3) 配备符合要求的通风设备(如移动式风机)、个人防护用品、检测设备、照明设备、通讯设备、应急救援设备。

(4) 密闭空间进入通道和人孔应足够大，以满足一人佩戴空气呼吸器进入，并移出中毒者。

(5) 进入含有硫化氢的设备、管线等密闭空间内作业前，应切断一切物料，彻底冲洗、吹扫、置换，加好盲板，盲板操作按照 HG 23013 要求执行；对氧含量、可燃气体含量及硫化氢浓度进行取样分析，方法依照 GBZ/T 222 的要求执行。经取样分析氧含量在 19.5%~23.5%、可燃气体浓度低于爆炸下限的 10%、硫化氢浓度小于 $10mg/m^3$，落实好安全防护措施和现场警示标识，经密闭空间作业许可后方可进入作业。

（6）进入可能存在硫化氢的地下窖、井、沟、坑、池、洞、船舱等密闭空间及通风不良场所作业前，应先进行强制通风，再取样分析氧含量、可燃气体含量及硫化氢浓度，取样分析方法依照 GBZ/T 222 的要求执行。在判定氧含量、可燃气体含量及硫化氢浓度合格情况下，经密闭空间作业许可后方可进入作业。

（7）如密闭空间工作场所硫化氢浓度不能控制在 $10mg/m^3$ 以下，或作业过程中局部可能产生高浓度硫化氢逸出情况，或现场硫化氢浓度未知的情况下，作业过程中应采取强制通风措施，并在作业期间连续进行硫化氢浓度监测。

（8）进入密闭空间的准入者应佩戴合适的个人防护用品，防护用品选用标准依照 GB 11651 和 GB/T 18664 执行；系好安全带（绳），携带便携式硫化氢检测报警仪及通信设施，在有监护者监护的情况下进行作业，并严格按照密闭空间职业安全卫生作业操作规程要求操作。

（9）监护者应熟悉作业区域的环境，掌握急救知识，监护过程中随时与密闭空间内作业人员保持联系，直至作业完成作业人员安全离开密闭空间。

（10）密闭空间入口处应参照 GBZ 158 设置禁止入内警示标识，防止未经准入者进入。

4. 个人防护用品配备写使用

（1）用人单位应依据 GB 11651 和 GB/T 18664 的要求，结合工作场所日常监测、检测与评价结果，配备符合 GB 11651 和 GB/T 18664 要求的、针对硫化氢的呼吸防护用品及眼面部防护用品，不同硫化氢浓度作业环境防护用品的选择参见附录 F。

（2）便携式硫化氢检测报警仪和呼吸防护用品的配备数量应满足进入硫化氢工作场所的人员当班最大人数要求。

（3）用人单位应做好各类防护用品的经常性的使用培训，确保作业人员熟练使用所配备的防护用品。

（4）用人单位应只允许健康状况适宜佩戴呼吸器具者，佩戴呼吸器具进行检维修等特殊作业或进行事故现场处理及救护作业。

（5）过滤式硫化氢防毒面具只能用于开放式环境的逃生，不适用于密闭空间、地下环境逃生使用。

（6）使用供气式呼吸防护用品，空气源应避免导入受污染空气，应避免污染或缠结空气管线。

（7）使用携气式空气呼吸器，每次使用前应检查气瓶压力，预计可使用时间，低气量报警时应及时撤离作业现场。

（8）用人单位应按照 GB/T 18664 的要求，做好个体防护用品的日常维护、防毒过滤元件更换、正压式空气呼吸器压力及气密性检查等，确保其防护效果。

## 三、应急救援

1. 应急救援的基本原则

（1）用人单位应根据本单位硫化氢的危害情况，建立应急救援组织机构，配备应急救援人员。

（2）立即将中毒人员移离中毒现场。

（3）严禁无防护救援，事故抢险救援人员应佩戴正压式空气呼吸器。密闭空间尽可能施行非进入救援。

(4) 迅速查明事故原因，第一时间控制硫化氢中毒发生源，避免事态进一步扩大。

(5) 应急救援人员应经过专业培训，培训内容应包括基本的急救、心肺复苏术、呼吸防护器的使用等。

2. 应急救援预案

(1) 用人单位应结合实际情况，针对可能发生的硫化氢中毒事故制定专项应急救援预案；对于硫化氢中毒危险性较大的重点岗位，制定重点工作岗位的硫化氢中毒事故现场处置方案。

专项应急预案应包括以下要素：事故特征及危险程度分析、应急组织机构及职责(应急组织体系、指挥机构、职责)、预防与预警(危险源监控、预警行动)、信息报告程序、应急响应(响应分级、响应程序、处置措施)、应急保障等，以及必要的附件。并根据实际情况变化对应急救援预案适时修订。

现场处置方案应当包括危险性分析、可能发生的事故特征、应急处置程序、应急处置要点和注意事项等内容。

(2) 用人单位应结合实际，有计划、有重点地组织预案的演练。演练每年至少进行一次，作好演练过程的记录和总结。

3. 应急救援设施

(1) 存在硫化氢的工作场所应配备事故应急救援设施，建立健全维护管理制度，保证应急救援设施处于正常使用状态。

(2) 存在硫化氢危害的高风险行业用人单位宜建立硫化氢气体防护站，气防站的场所、人员、设备应根据企业规模和实际需要确定，并可参考 GBZ 1 配置。

(3) 存在硫化氢危害的高风险行业用人单位宜在重点防护区域设置气防柜，气防柜内配备的应急救援设施参照 HG/T 23004 执行。气防柜铅封存放，设置明显标识，并定期检查与维护，确保应急时使用。

(4) 可能发生硫化氢泄漏或逸散的临时性的工作场所，应配置空气呼吸器、逃生型呼吸防护器具、便携式硫化氢检测报警设备、应急照明灯、安全带或安全绳等救援设施，设施宜置于作业人员易于获取的位置，并有专人管理，定期检查与维护。

(5) 可能发生硫化氢大量泄漏的工作场所，应设置应急撤离通道和泄险区。

4. 现场应急救援

(1) 发生硫化氢泄漏或中毒事故时，立即报告相关部门(在应急预案中明确)，停止引起硫化氢中毒事故的作业，启动应急救援预案和控制措施。

(2) 事故现场应划出危险区域，设立警示标识和警戒线，建议硫化氢浓度在 $10mg/m^3$ 以上的区域均设为限制进入区域，与抢险无关的人员及车辆不得进入警戒区域；设置要求参照 GBZ 158 执行。

(3) 事故现场作业人员立即撤离事故现场。

(4) 现场有中毒人员时，事故抢险救援人员迅速将中毒人员转移至事故现场外上风向空气新鲜处。

(5) 事故抢险救援人员进入硫化氢事故区域，迅速找出泄漏或逸散源，在确保自身安全情况下，切断泄漏源，修复泄漏点，清理泄漏物，救援过程禁止动火作业，控制事故的进一步扩大。

（6）进行密闭空间应急救援时，应按照 GBZ/T 205 的应急救援要求进行。

（7）事故现场应加强通风。当硫化氢泄漏或释放达到危险浓度时，应采取区域通风，使泄漏的硫化氢尽快消散。

（8）硫化氢浓度持续上升而无法控制时，应立即向当地政府部门报告，疏散下风向的居民，并实施应急方案。

（9）立即与邻近医疗机构和医疗急救机构联系进行紧急医疗救助。

5. 应急处置与医疗救护

（1）存在硫化氢危害的高风险行业的用人单位宜与附近有应急救援能力的医疗机构签订事故医疗救援协议，建立联系，保证发生事故时医疗机构能够及时参与医疗救援。

（2）出现中毒事故时迅速将现场中毒人员抬离危险区至上风向空气新鲜处，如皮肤或眼部被污染，用大量清水冲洗干净，输氧，并保持中毒者的体温。如果中毒者已停止呼吸和心跳，应立即实施人工心肺复苏术；立即送往附近医疗机构救治。

6. 事故后处置

（1）对事故发生地点进行妥善处理，收集泄漏物料，并用水冲洗干净，冲洗水妥善排入废水处理系统，避免二次事故发生。

（2）查明事故原因，对事故设施设备进行维修维护，对其他可能的隐患点进行排查，杜绝类似事故再次发生。

## 四、硫化氢防护培训内容及要求

1. 培训内容

（1）硫化氢的理化性质、毒性、健康危害、中毒表现。

（2）硫化氢危害防护知识及硫化氢作业现场监护知识。硫化氢中毒人员现场急救方法，心肺复苏术。

（3）用人单位有关硫化氢的防护管理规定。

（4）工作场所硫化氢的分布，可能泄漏或逸散部位；硫化氢检测系统及报警信号；疏散线路。

（5）工作场所防护设施、性能、使用方法及维护。

（6）工作场所配备的个体防护用品的结构、性能、使用及维护方法。

（7）各类涉及硫化氢作业的职业安全卫生操作规程。

（8）硫化氢中毒事故典型案例。

（9）硫化氢中毒事故应急救援预案。

2. 培训要求

（1）根据培训对象和目的不同，确定培训重点。

（2）接触硫化氢的作业人员应将上列的内容全部列为培训内容。每年至少培训一次。

（3）根据需要临时进入硫化氢工作场所的其他人员应重点培训硫化氢健康危害、进入场所硫化氢分布、出口线路、紧急情况处理措施及个人防护用品使用方法等内容。

（4）新上岗人员应接受防护培训，经考核合格达到上岗要求后方可进入硫化氢工作场所。

（5）所有培训应有考核记录，且培训对象经考核合格。

# 第二章　硫化氢监测与防护设备

在石油作业的工作场所，特别是在含硫地区作业时，一旦硫化氢气体浓度超标，将威胁施工作业人员的安全，引起人员中毒甚至死亡，因此硫化氢监测及防护设备的配备尤为重要。作业者应了解其结构、原理、性能，掌握其正确的。使用方法。

## 第一节　呼吸保护设备

在石油勘探开发、石油炼制、清洗输油管道、疏通下水道等作业过程中，为防止吸入有毒、有害物质必须装备有效的呼吸保护设备。

呼吸保护设备分为过滤式和隔离式两大类。呼吸保护设备的配置原则是在硫化氢超标的环境中应使用正压式或供气式带全面罩的呼吸设备。常用的硫化氢防护的呼吸保护设备有便携式正压空气呼吸器、固定式空气呼吸站和逃生瓶等。

### 一、携带式正压空气呼吸器

在使用携带式正压空气呼吸器之前，必须了解其主要组成、工作原理、适用范围、使用时间、使用前的检查、正确使用方法、使用注意事项、使用后的检查、保养与维护等。

1. 组成

携带式正压空气呼吸器主要有五部分：面罩总成、供气阀总成、气瓶总成、减压阀总成、背托总成，如图 2-1 所示。

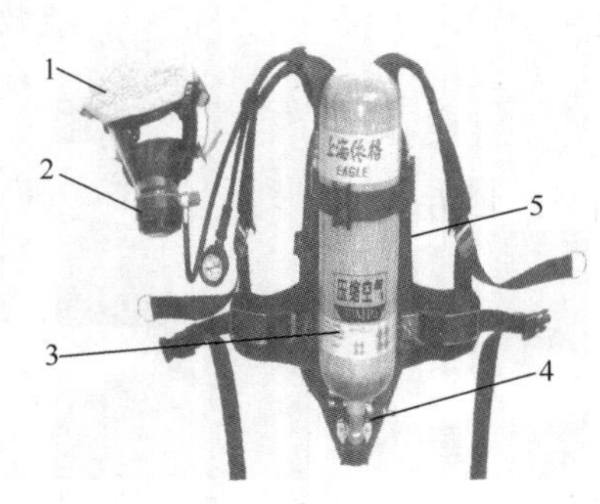


图 2-1　携带式正压空气呼吸器

1—面罩总成；2—供气阀总成；3—气瓶总成；4—减压阀总成；5—背托总成

（1）面罩总成：由面窗、口鼻罩、头罩组件、面窗密封圈、接口、吸气阀和传声器组成。

（2）供气阀总成：由节气开关、应急冲泻阀、插板、接口和密封垫圈组成。

（3）气瓶总成：由瓶体、安全螺塞、安全膜片和手轮组成。

（4）减压阀总成：由中压管、减压器手轮、安全阀、报警器和压力表组成。

（5）背托总成：由瓶体固定带、肩带、腰带和背架组成。

2. 工作原理

使用时打开气瓶阀，充装在气瓶内的高压空气经减压阀减压，输出 0.7MPa 的中压气体，经中压管送至供气阀。吸气时供气阀自动开启。呼气时，供气阀关闭，面罩呼气阀打开。在一个呼吸循环过程中，面罩上的呼气阀和口鼻罩上的单向阀都为单方向开启，整个气流是沿着一个方向，构成一个完整的呼吸循环过程。

3. 适用范围

(1) 储存环境：0~30℃；相对湿度40%~80%；应远离热源。

(2) 使用环境：有毒有害物质超标、缺氧环境和抢险救灾。

(3) 不适用环境：水下作业、强酸与强碱环境、-30℃以下和60℃以上环境。

4. 使用时间

以水容积为6.8L，最大工作压力为30MPa的气瓶为例：在中等呼吸强度(30L/min)呼吸时，使用时间不宜超过30min，报警后使用时间为5~8min。

使用时间会受到多种因素的影响，会有一定变化，所以在使用时要经常查看压力表读数。

5. 使用前的安全检查

为了安全使用空气呼吸器，在使用前必须检查呼吸器是否处于良好的工作状态。

(1) 检查呼吸器所有部件是否齐全、完好；

(2) 检查中压供气管线是否完好；

(3) 供气阀与面罩连接是否灵活好用；

(4) 检查气瓶与背托架连接带的紧固程度；

(5) 将所有系带放松到最大状态；

(6) 使用前应检查压力表上的读数值(正常值应为28~30MPa之间)；

(7) 检查报警器是否完好，报警器报警压力是否准确。

6. 正确使用方法

安全环境下呼吸器的基本佩戴程序依次为：

打开气瓶开关，逆时针缓慢转动瓶阀(至少两圈)、背气瓶、调整肩带、收紧腰带、戴面罩、调整颈带、调整头带、检查面罩气密程度、再次检查气瓶压力、连接供气阀、气瓶正常供气，呼吸正常。

7. 注意事项

(1) 使用前快速检测：完全打开气瓶阀，检查压力表上的读数，其值应在28~30MPa之间。再关闭气瓶阀，然后打开应急冲泄阀(供气阀上的红色按钮)，缓慢释放管路气体同时观察压力表的变化，压力下降到(5±0.5)MPa时，报警哨必须开始报警。

(2)使用时气瓶背在身后，身体前倾，拉紧肩带，固定腰带、系牢胸带。打开气瓶阀至少两圈，不得猛开气瓶阀，防止气瓶阀损坏，如图2-2所示。

(a)

(b)

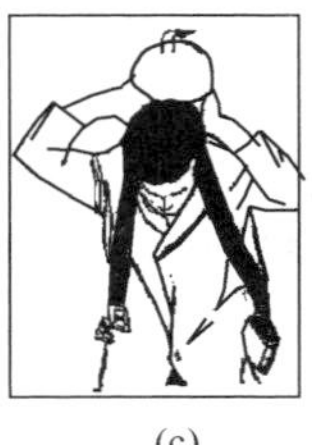
(c)

(d)

(e)

图2-2　气瓶佩戴示意图

(3) 佩戴面罩：戴面罩时应该由下向上戴。一只手托住面罩将面罩口鼻罩与脸部完全贴合，另一只手将头带后拉罩住头部，不要让头发或其他物体压在面罩的密合框上，然后收紧头带，不必收的过紧，只要面部感觉舒适又不漏气为合适。用手掌心封住进气口吸气，如果感到无法呼吸且面罩充分贴合则说明面罩密封良好，如图 2-3 所示。连接供气阀，此时即可正常呼吸。

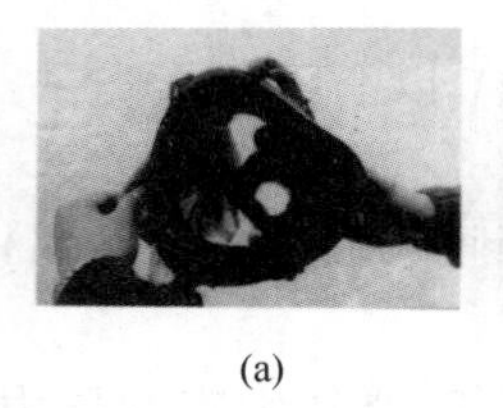
(a)

(b)
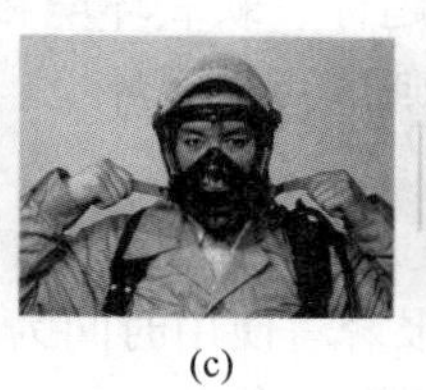
(c)

(d)

(e)

图 2-3　佩戴面罩示意图

(4) 在使用过程中，应随时观察压力表的指示数值，当压力下降 5~6MPa 时(此时瓶中剩余空气只够使用 5~8min)，报警器发出报警声响，使用者应及时撤离现场。

(5) 使用完后，卸下呼吸器。关闭气瓶阀，打开强制供气阀放空管路空气。

每次使用后，经消毒、清洗、检查、维修后空气呼吸器方可装入包箱内。

8. 使用后的检查与日常维护、保养

(1) 空气呼吸器必须有专人管理、维护与保养；

(2) 使用之后应立即充填或更换充满的气瓶；

(3) 使用后应清洗并擦干面罩，将系带放松到最大状态以备下次使用；

(4) 将背托架上系带、腰带放松到最大状态；

(5) 检查中压软管是否完好；

(6) 检查供气阀是否完好、与面罩连接是否好用；

(7) 呼吸器按要求装入专用箱内；

(8) 将呼吸器放置在便于取用的地方；

(9) 气瓶只能充装纯净的、符合要求的空气，不能充装其他气体。

## 二、固定式空气呼吸站

固定式空气呼吸站是一个远距离空气供应装置，可以同时供多人使用。

1. 组成

由一个空气泵、空气瓶组、减压阀、空气分配器、软管、面罩、逃生瓶和拖车组成。

2. 工作原理

空气通过减压阀进入管汇，与管汇连接的有多根软管，每根软管上带有一个面罩和与面罩相连接的逃生瓶。

3. 使用前安全检查

要确保固定式空气呼吸站在需要时能使用，就要在使用前进行认真的检查，每一项检查都是至关重要的，要注意的是固定式空气呼吸站上没有气体存量报警器。

(1) 检查所有部件是否齐全，包括：空气供应设备、逃生瓶、压力调节器、面罩和背托架；

(2) 检查逃生瓶是否充满；

(3) 检查标签上是否填写了新的充气日期；

(4) 检查中压管线是否完好并无打扭；

(5) 空气供给管汇和管线是否完好；

（6）检查头带是否完好和已经充分放松；

（7）面罩是否干净；

（8）面罩是否安装正确；

（9）排气阀是否完好、干净和能正常工作；

（10）背托架上的带子是否充分放松；

（11）旁通阀是否正常工作。

如果上述检查没有问题，固定式空气呼吸站就处于正常应急备用状态。应该按要求对固定式空气呼吸站进行定期检查，确保其始终处于完好状态。

### 三、逃生瓶

固定式空气呼吸装置必须配备逃生瓶，用绳类背托将逃生瓶固定在使用者身体的某个地方，如图 2-4 所示。如果主供气系统中断，逃生瓶必须提供充足的空气保证使你逃离现场。

图 2-4　逃生瓶

注意事项：

（1）要确保逃生瓶始终处于充满状态。

（2）逃生瓶只能作为逃生使用。

（3）逃生瓶压力有 15MPa 和 30MPa 两种，选用时应根据工作环境需要的时间、劳动强度、配套设备等因素综合考虑。

（4）逃生瓶使用时间大致为 5~10min。

## 第二节　硫化氢监测系统

目前国际上对硫化氢气体的监测一般用两种方法：一是现场取样化验室测定法，该方法硫化氢浓度测定精度高，但测定程序繁琐，得到数据不及时；二是现场直接测定法，该方法测定迅速，利于现场使用，但测定误差较大。

硫化氢监测仪分为：便携式和固定式两大类。

硫化氢监测仪的配置原则：在硫化氢容易泄漏的部位应设置固定式多点硫化氢监测仪探头，并在探头附近同时设置报警喇叭，主机应安装在控制室内。

### 一、比长式硫化氢测定管监测法

1. 测定范围 0~250mg/m$^3$

2. 测定温度 3~30℃

3. 使用方法

（1）用医用 100mL 注射器或专用采气筒，一次采气样 100mL。

（2）把测定管两侧打开，将硫化氢测试管插入采气筒。

（3）将采气筒中气样用 100mL/min 的速度注入测定管。要检测的硫化氢气体与指示胶起反应，产生一个变色柱或变色环。

（4）由变色柱或变色环上所指出的高度可直接从测定管上读出硫化氢气体含量（ppm）。

4. 注意事项

1）测定管打开后不要放置时间过久，以免影响测定结果。

2）测定管应储放在阴凉处，不要碰坏两端，否则不能使用。

## 二、便携式硫化氢监测仪

这类监测仪是根据控制电位电解法原理设计的。具有声光报警、浓度显示和远距离探测的功能。如腰带式电子检测器，具有体积小、重量轻、反应快、灵敏度高等优点。使用时注意不得超时限使用，防碰击。注意调校和检查电池电压。

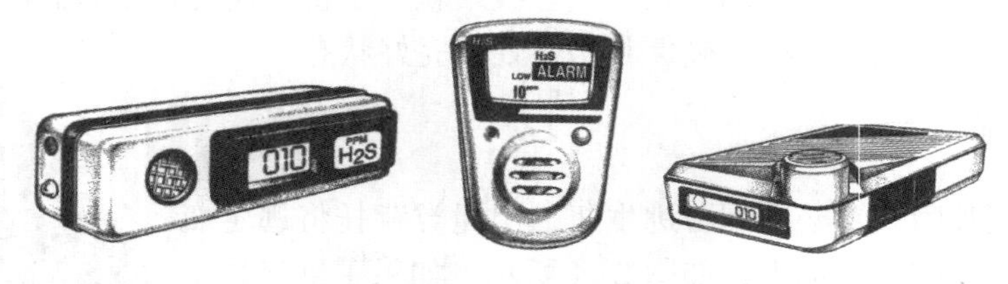


图 2-5　便携式硫化氢监测仪

以 SP-114 型便携式硫化氢监测报警仪为例，介绍其原理及使用方法，如图 2-5 所示。

1. 工作原理

监测仪上的传感器应用了定电压电解法原理，其构造是在电解池内安置了三个电极，即工作电极、对电极和参比电极，施加一定极化电压，使薄膜同外部隔开，被测气体透过此膜到达工作电极，发生氧化还原反应，传感器此时将有一输出电流，此电流与浓度成正比关系，这个电流信号经放大后，变换送至模/数转换器，将模拟量转换成数字量，然后通过液晶显示器显示出来。

2. 使用方法对于不同的硫化氢监测仪使用前应仔细阅读说明书

（1）开启电源

按下电源“开机”触摸键即可接通电源，此时电源指示灯发光。

（2）检查电源电压

电源接通后或在仪器工作过程中，如果连续蜂鸣同时液晶显示“LO-BAT”字样报警指示灯连续发光时，说明电压不足，应立即关机充电(14~16h)。

（3）零点校正

如果在新鲜清洁空气中数字指示不为“000”，则应用螺丝刀调整调零电位器“$Z_1$”使显示为“000”；如果达不到，或数字跳动变化较大，则说明传感器可能有问题，请更换传感器。

（4）正常测试

开机并在空气中调节“000”显示后即可进行正常测试。此时测试气体是从仪器前面窗口扩散进去的仪器周围环境的硫化氢气体含量。如果需要测试，而操作人员又不能进入含硫化氢区域时，可将本机采样管接入吸气嘴，将采样头伸到被测地点，按动开泵触摸开关，泵开始工作时开泵指示灯发出红光，此时仪器测量气体是从吸气嘴吸入的硫化氢气体含量。防止接头处漏气，不可将脏物和液体吸入仪器内。

（5）关泵、关机

用两个手指同时按下“开泵”及“关”触摸开关，即可使泵停止转动。用两个手指同时按下“开机”及“关”触摸开关，即可关机。

两个手指应同时放开，或先放“开机”(开泵)按键否则不能关机或关泵。上述操作是为了防止仪器在工作时由于意外碰撞引起误关机而造成危险事故的发生而特别设计的。

3. 校正方法

（1）为了保证仪器测量精度，仪器在使用过程中应定期进行调校并严格记录（一般每半年调校一次，具体时间请阅读使用说明书）；

（2）在清洁空气中将仪器零点调整并显示“000”后，开泵从仪器吸口处通入标准气体，待数字显示稳定后，调整仪器校正电位器“$S_1$”使显示数字达到标准气体浓度值（一般在标准气体流量控制台上进行）；

（3）关闭标准气体使仪器抽入清洁空气，仪器应恢复到零点（显示“000”）。否则重新进行校正操作，使两者均达到符合标准规定允许值；

（4）本仪器报警点在出厂时已调在10ppm，若用户需要按自己的标准重新调整，可以通过调节零电位器“$Z_1$”，使仪器显示达到所需要报警值，然后调节报警点调节电位器“$A_1$”，使仪器刚好发出报警声响，再反复调节电位器“$Z_1$”及“$A_1$”使报警点正确无误，方可使用。

4. 注意事项

（1）硫化氢监测仪为精密仪器，不得随意拆动，以免破坏防爆结构；

（2）充电时必须在没有爆炸性气体的安全场所进行；

（3）使用前应详细阅读说明书，严格遵守操作规程；

（4）特别潮湿环境中存放应加防潮袋；

（5）防止从高处跌落，或受到剧烈震动；

（6）仪器长时间不用也应定期对仪器进行充电处理（每月一次）；

（7）仪器使用完后应关闭电源开关；

（8）仪器显示数值为被测环境空气中硫化氢含量的体积浓度（ppm）；

（9）“$S_1$”、“$A_1$”、“$Z_1$”不得随意调节，应由专业人员或厂家调节。

## 三、固定式硫化氢监测仪

现场需要24h连续监测硫化氢浓度时，应采用固定式硫化氢监测仪，探头数可以根据现场气样测定点的数量来确定。监测仪探头置于现场硫化氢易泄漏区域，主机应安装在司钻控制室、录井拖车、总监或平台经理室内。图2-6是固定式硫化氢监测示意图。

以SP-1001型固定式气体检测报警仪为例介绍固定式硫化氢监测仪的工作原理及安装方法。

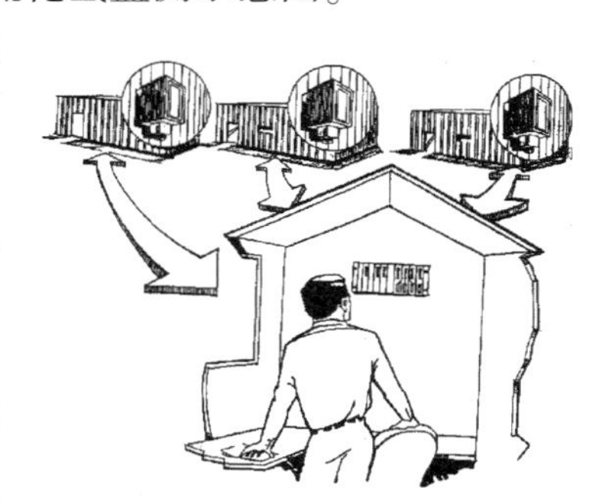

图2-6 固定式硫化氢监测示意图

1. 工作原理

（1）SP-1001型固定式气体检测报警仪配有8个输入通道，主机以巡检方式工作。可设置两级报警值，并同时发出不同的声光报警信号。在仪器面板上设有5个功能键，用来进行参数设置、调整和功能控制。在仪器后面设有传感探头接线端子、传感器电源保险丝座、整机电源输入以及整机电源保险丝座等，在软件上将常见气体的12种满度值等参数以数据库的形式被固定在程序存储器内，用户可根据需要选定。

（2）技术指标

适应范围：测量多种气体浓度、温度、压力等4~20mA标准信号；

工作方式：多路自动巡检（巡检速度：8通道/s）；

显示功能：数码管显示 12 位(四种状态显示)、每一通道显示时间为 3s；

测量精度：0. 1%(0. 1ppm)

输出电源：直流 15V/1. 5A 为传感器提供电源；

整机电源：220V/100mA(电流 0. 5A)；

扩展功能：8 通道开关量输出(交流 200V/2A；交流 380V/2A)；

报警功能：声音报警为二级报警和一级报警，发出的声音不同；光报警为

每通道都有两级报警指示灯(一级报警 $A_1$，二级报警 $A_2$)；

外形尺寸：450mm×400mm×180mm(标准 19 吋机箱)；

质量：7. 5kg。

2. 安装

(1) 安装探头

① 安装位置：一般安装在离硫化氢气体可能泄漏地点处 1m 范围内，这样探头的实际反应速度比较快。探头不能安装在有腐蚀性化学物质、高湿度(有水蒸气)的地方；

② 安装方法：选找好安装位置后，可以将探头用螺丝固定到固定件上。但要遵守一个原则：将传感器防雨罩的圆柱面指向地面。探头固定好，用专配的内六角扳手选择好安装位置后，可以将探头用螺丝固定到固定件上；

③ 探头具体安装位置：

1 号探头应安装在钻台面大约齐膝盖高的位置；

2 号探头安装在钻台下靠近喇叭口处，但其位置便于检查和校正；

3 号探头安装在泥浆出口处；

4 号探头安装在靠近振动筛处；

5 号探头安装在泥浆搅拌混合装置上方；

6 号探头安装在泥浆池上方。

(2) 主机的安装

① 主机应安装在录井拖车、总监或平台经理室内；

② 将连接电缆按探头最终安装位置与主机走线距离准备好，在有些情况下电缆线需要多次连接才能达到所需长度，每个接头处必须十分仔细地焊接牢固并采取防水措施后才能使用；

③ 将电缆线与主机相连接，连接处必须套上绝缘套管，将插头插到主机的航插座上；电缆线另一端的端子上分别做好对应的标记后，与探头的引线相联接。

零点调节：经极化稳定后，在现场没有被检测气体的情况下，将探头顶盖打开，调节调零电位器“Z”，使主机先是为“000”，并测量探头输出信号应为“+400±5mV”。

(3) 使用维护注意事项

① 在连接开关量输出线时，接线要牢固，不要和后面板短路；

② 仪器参数设置必须在关机情况下进行；

③ 仪器在正常工作情况下，当传感器线路出现故障时，仪器故障指示灯亮，并同时有不同的显示；

④ 当传感器无信号输出或传输线路开路时，显示“OP”；

⑤ 当传感器信号输出超出测量范围或传输线路短路时，显示“E”。如果出现了以上两种情况，必须查明原因；

⑥ 不得随意拆动；
⑦ 每月校准一次零点；
⑧ 保护好防爆部件的隔爆面；
⑨ 在通电情况下严禁拆卸探头；
⑩ 在更换保险管时要关闭电源。

经常或定期清洗探头的防雨罩，用压缩空气吹扫防虫网，防止堵塞。

固定式硫化氢监测仪一年校验一次，便携式硫化氢监测仪半年校验一次。在超过满量程浓度的环境使用后应重新校验。

电子监测仪能够连续测量气体的含量，能够准确测量硫化氢的浓度并提供准确的读数。不管使用什么类型的监测仪，一定要进行适当的维护保养，确保其处于良好的工作状态，并根据厂家的说明书进行操作。

## 第三节　硫化氢易泄漏危险部位的监测与设备配置

### 一、石油石化专业(工种)硫化氢易泄漏危险部位

硫化氢存在于石油石化各个生产环节中，如钻井、测(录)井、井下作业、采油(气)、集输、仓储和炼制过程等。

1. 钻井作业

井口、钻台下、钻井循环系统、放喷管线、燃烧池、污水、废液回收池(罐)、节流管线、除气(砂)器等。

2. 井下作业

井口、循环泵送系统、放喷管线、分离器、水套炉、燃烧池、循环罐、污水、废液回收池(罐)、产液罐等。

3. 采油作业

井口装置、取样点、油、水和乳化剂的储藏罐及相应的人行道、油、气、水和乳化剂处理器和分离器、空气干燥器、输送装置，集油罐及其管道系统、燃烧池和放空管汇、装载油气场所、计量站等。

4. 增产措施作业

井口、循环泵送系统、循环罐、罐车区、管汇区、废液回收罐、燃烧池等。

5. 油气处理场所

进口分离器、预处理间、处理容器、增压车间、脱硫间、储存和运输装置、储藏罐等。

6. 集输作业

车(船)集输：产品运输端口——车(船)之间、舱口、排空和洒落处等。

管道集输：计量站、扫线点、增压间等。

7. 炼油厂、化工厂

裂解装置、蒸馏塔、油气储存罐区、取样凡尔、密封件、连接件、法兰、排污系统及其他破裂部位等。

### 二、泄漏部位的监测及安全注意事项

1. 为防止硫化氢中毒，消除硫化氢对职工的危害，应从设计抓起，凡新建、改建、扩

建工程项目中防止硫化氢中毒的设施必须与主体工程同时设计、同时施工、同时使用，使作业环境中硫化氢浓度符合国家安全卫生标准。

2. 生产企业内有可能泄漏硫化氢有毒气体的场所，应配置固定式硫化氢检测报警器，有硫化氢危害的作业场所，应配备便携式硫化氢检测报警器及适用的防毒防护器材。硫化氢检测报警器具安装率、使用率、完好率应达到100%。

3. 加强防止硫化氢中毒工作，按相关装置和罐区动态硫分布情况进行调查，建立动态硫分布图，在每一个可能泄漏硫化氢造成中毒危险的工作场所设置警示牌和风向标，明确作业时应采取的防护措施。

4. 要根据不同的生产岗位和工作环境，为作业人配备适用的防毒防护器材，并制定使用管理规定。定期、定点对生产场所硫化氢的浓度进行检测，对于硫化氢浓度超标点应立即清查原因并及时整改。

5. 开好脱硫和硫黄回收装置，搞好设备、管线的密封，禁止将含硫化氢的气体排放大气；含硫污水禁止排入其他污水系统。

6. 必须将生活污水系统与工业污水系统隔离，防止硫化氢窜入生活污水系统，发生中毒事故。

7. 禁止任何人员在不佩戴合适的防毒器材的情况下进入可发生硫化氢中毒的区域，并禁止在有毒区内脱掉防毒器材。遇有紧急情况，按应急预案进行处理。

8. 在含有硫化氢的油罐、粗汽油罐、轻质污油罐及含有毒有害气体的设备上作业时，必须随身佩戴好适用的防毒救护器材。作业时应有两人同时到现场，并站在上风向，必须坚持一人作业，一人监护。

9. 凡进入含有硫化氢介质的设备、容器内作业时，必须按规定切断一切物料，彻底冲洗、吹扫、置换，加好盲板，经取样分析合格，落实好安全措施，并按“作业许可证制度”办理作业票，在有人监护的情况下进行作业。

10. 原则上不得进入工业下水道(井)、污水井、密闭容器等危险场所作业。必须作业时，按“生产作业许可证制度”办理作业票，报主管生产领导批准签发后，在有人监护的情况下方可进行作业。作业人员一般不超过两人，每人次工作不得超过1h。

11. 在接触硫化氢有毒气体的作业中，作业人员一旦发生硫化氢中毒，监护人员应立即将中毒人员脱离毒区，在空气新鲜的毒区上风口现场对中毒人员进行人工呼吸，并通知气防站。对中毒人员进行救护时，救(监)护人员必须佩戴好适用的防毒救护器材，并应防止二次中毒发生。

12. 在发生硫化氢泄漏且硫化氢浓度不明的情况下，必须使用隔离式防护器材，不得使用过滤式防护器材，对从事硫化氢作业的人员，要按国家有关规定进行定期体检。

13. 对可能发生硫化氢中毒的作业场所，在没有适当防护措施的情况下，任何单位和个人不得强制作业人员进行作业。

## 三、防硫化氢呼吸器及监测仪的配置

在钻井、井下作业过程中应配备空气呼吸站和相应的面罩、管线和应急气瓶组组成供气系统，在没有条件的情况下应配备足够数量的便携式正压空气呼吸器和与空气呼吸器气瓶压力相应的充装器。

采油作业、增产措施作业、油气处理场所、炼油厂、化工厂等作业过程中都必须配备一定数量的便携式正压空气呼吸器和与空气呼吸器气瓶压力相应的充装设备，还应按要求配备固定式和便携式硫化氢监测仪。

1. 陆地钻井作业

钻井队生产班应每人配备一套正压式空气呼吸器(按岗位配备)，另配一定数量的公用正压式空气呼吸器；井场应配备一定数量的备用空气钢瓶并充满压缩空气，以作快速充气用。在井口、钻井液出口以及其他硫化氢容易泄漏的部位应设置固定式多点硫化氢监测仪探头，并在探头附近同时设置报警喇叭，主机应安装在控制室内。并且至少应配备5台携带式硫化氢监测仪。每个井场应至少有3个指示风向的风向标，应遵循设置标志牌的规定，在井场入口和硫化氢泄漏区域设置清晰地警示标志。

2. 井下作业

井下作业过程中，应配备正压式空气呼吸器及空气呼吸器气瓶压力相应的空气压缩机。井场应配备一定数量的备用空气瓶并充满压缩空气。在井口以及其他硫化氢容易泄漏的部位应设置固定式多点硫化氢监测仪探头，并在探头附近同时设置报警喇叭，主机应安装在控制室内。至少应配备4台携带式硫化氢监测仪。每个井场应至少有3个指示风向的风向标，应遵循设置标志牌的规定，在井场入口和硫化氢泄漏区域设置清晰地警示标志。

特别注意：对于硫化氢油气井，井场应设置颜色鲜艳、明显区别于周围设备的风向标。风向标置于人员在现场作业或进入现场时容易看见的地方，必须保证所有现场工作人员能够观察到，微风情况下即可引起人们的注意。放喷口附近、值班房、钻台、器防器材室、井场入口处都应设置风向标。全体人员必须自觉地注意观察风向，养成在紧急情况下向上风方向疏散的习惯。

当空气中硫化氢含量超标时，监测仪自动报警。报警器装置设置在井场各个不同的区域，如司钻操作台、动力间、泥浆房、生活区、控制间、值班房等，并且能够发出声音和光线的报警，贯穿整个井场。井场人员或井场附近工作的所有人员应了解各种报警信号的含义，以便对声光报警系统作出反应。

第一级报警阈值设置在15mg/m$^3$(10ppm)，达到此浓度时启动报警，提示现场作业人员硫化氢浓度超过阈限值，应检查泄漏点和加强通风。小于此浓度时作业井场应挂绿色警示标志，表明井处于受控状态，但存在对生命健康的潜在或可能的危险。

第二级报警值应设置在硫化氢含量达到安全临界浓度30mg/m$^3$(20ppm)，达到此浓度时，现场作业人员应佩戴正压式空气呼吸器。浓度在15mg/m$^3$(10ppm)~30mg/m$^3$(20ppm)范围内，井场应挂黄色警示标志，表明对生命健康有影响。

硫化氢浓度大于或可能大于30mg/m$^3$(20ppm)时，井场应挂红色警示标志，表明对生命健康有威胁。

第三级报警值应设置在硫化氢浓度达到危险临界浓度150mg/m$^3$(100ppm)，报警信号应与二级报警信号有明显区别，警示立即组织现场人员撤离。

3. 集输站

应按岗位配备便携式正压空气呼吸器和相应的气体充装设备，空气呼吸器与气体充装设备应有专人管理。作业人员进入站区、低洼区、污水区及硫化氢易于积聚的区域时，应佩戴便携式正压空气呼吸器。在各单井进站的高压区、油气取样区、排污放空区、油水罐区等易泄漏硫化氢区域应设置醒目的警示标志和风向标，并设置固定探头，在探头附近同时设置报警喇叭。

作业人员巡检时应佩戴便携式硫化氢监测仪，进入上述区域应注意是否有报警信号。

固定式多点硫化氢监测仪放置于仪表间，探头信号通过电缆送到仪表间，报警通过电缆从仪表间传送到危险区域。

4. 天然气净化站

应按岗位配备便携式正压空气呼吸器和相应的空气压缩机，空气呼吸器与压缩机必须有专人管理。作业人员进入脱硫、再生、硫回收排污放空区域时，应佩戴便携式正压空气呼吸器。应在硫化氢易于聚集的区域设置固定式多点硫化氢监测探头和报警装置，并且应设置醒目的警示标志和风向标。

5. 炼油厂、化工厂

应按岗位配备便携式正压空气呼吸器和相应的空气压缩机，空气呼吸器与压缩机必须有专人管理。作业人员进入低洼区、污水区及硫化氢和易燃易爆气体易于积聚的区域时，应佩戴便携式正压空气呼吸器。在易泄漏硫化氢和易燃易爆气体区域应设置醒目的警示标志和风向标，并设置固定探头，在探头附近同时设置报警喇叭。

作业人员巡检时应佩戴便携式硫化氢监测仪，进入上述区域应注意是否有报警信号。

6. 水处理站

油田企业水处理站和回注站的防护、监测与油气集输站相同。

在可能含有硫化氢的其他作业场所如集输站、天然气净化站、炼化厂、化工厂、水处理站、采油作业和特殊作业现场中的防硫化氢安全设备的配置，可参照 SY/T 6137 和 SY/T 6277 有关标准执行。

# 第三章　硫化氢事故应急管理

## 第一节　应急管理的基本要求及过程

### 一、应急管理的基本要求

（1）由于硫化氢气体的剧毒性及其特点，在进入含硫化氢地区作业前制定一个有效的应急预案是保证作业安全进行的前提。

（2）预案中除考虑防硫化氢的要求外，还应考虑二氧化硫可能产生的危害和影响区域。

（3）应急管理中还应充分考虑周围居民和公众的利益。

（4）建立三级应急管理体系，集团公司级、油田企业级和施工单位级。

（5）制定预案前应对作业区内和可能涉及到的范围的环境、人员、设施进行调查。

（6）应急预案制定或修订后，应经本级安全生产第一责任人审批执行，并报上一级部门批准后才能实施并到相应的部门备案，保证预案具有一定的权威性和法律保证。

### 二、应急管理的过程

应急管理是对重大事故的全过程管理，贯穿于事故发生前、中、后的各个过程，充分体现了“预防为主，常备不懈”的应急思想。它是一个动态的循环过程，包括预防、准备、响应和恢复四个阶段。

1. 预防

在应急管理中预防有两层含义，一是事故的预防工作，即通过安全管理和安全技术等手段，来尽可能地防止事故的发生，实现本质安全；二是在假定事故必然发生的前提下，通过预先采取的预防措施，来达到降低或减缓事故的影响或后果的严重程度。

2. 准备

应急准备是应急管理过程中一个极其关键的过程，它是针对可能发生的事故，为迅速有效地开展应急行动而预先所做的各种准备，包括应急体系的建立、有关部门和人员职责的落实、预案的编制、应急队伍的建设、应急设备(施)与物资的准备和维护、预案的演习、与外部应急力量的衔接等，其目标是保持重大事故应急救援所需的应急能力。

3. 响应

应急响应是在事故发生后立即采取的应急与救援行动。包括事故的报警与通报、人员的紧急疏散、急救与医疗、消防和工程抢险措施、信息收集与应急决策及外部求援等，其目标是尽可能地抢救受害人员、保护可能受威胁的人群，尽可能控制并消除事故。

4. 恢复

恢复工作应在事故发生后立即进行，它首先使事故影响区域恢复到相对安全的基本状态，然后逐步恢复到正常状态。要求立即进行的恢复工作包括事故损失评估、原因调查、清理废墟等。

# 第二节　应急预案的基本内容

## 一、应急预案的基本内容

应急预案应包括但不限于以下内容：

1. 应急组织机构

2. 应急岗位职责

3. 现场监测制度

4. 应急程序　报告程序、井口控制程序、人员救护程序、人员撤离程序、点火程序等。

5. 应急联系通讯表

(1) 应急服务机构；

(2) 政府机构和联系部门；

(3) 生产经营单位与承包商。

6. 周边公众警示和撤离计划

(1) 公众警示要点；

(2) 区域平面图及联络框图；

(3) 硫化氢可能泄漏区域附近所有居民、学校、商业区的标识号码、所在位置及电话号码，以及道路、铁路、厂矿的位置，并注明撤离路线；

(4) 当附近地区硫化氢浓度可能达到75mg/m$^3$(50ppm)时，对邻近居民进行撤离。

7. 预案的培训与演练

8. 预先通知危险区内居民的内容应包括以下几方面：

(1) 硫化氢的危险与特点；

(2) 应急反应方案的必要性；

(3) 硫化氢可能的来源；

(4) 紧急情况通知给公众的方式；

(5) 紧急情况发生时所应采取的步骤。

## 二、应急预案的演练

应急预案的演练是作业人员熟悉应急程序、应急岗位职责和组织机构之间协调的重要方式。演练应包括所有的应急程序。

应急演练按演练场地可分为室内演练(台面演练)和现场演练两种。

根据其任务要求和规模又可分为单项演练、部分演练和综合演练三种。

1. 单项演练

它是针对性地完成应急任务中的某个单项科目而进行的基本操作，如空气呼吸器佩戴演练、空气监测演练、报告程序演练等的单一科目演练。

2. 部分演练

它是检验应急任务中的某几个相关联的科目、某几个部分准备情况、同应急单位之间的协调程度等进行的基本演练。如人员救护演练、点火程序演练、井口控制演练等。

3. 综合演练

它是指所有应急程序都涉及的演练。

### 三、应急预案的更新

对应急预案应定期复核和通过演练进行评审，应及时对条款或覆盖范围的改变进行更新。特别是当居所或住宅区、公园、商店、公路等发生变化时，应及时更新。当油气井作业的设备或设施、人员、组织机构等发生变更时，应及时更新。

## 第三节　应急处置程序

### 一、应急报告程序

应急报告程序，如图 3-1 所示。

### 二、应急响应程序

(1) 当硫化氢浓度达到 15mg/m$^3$(10ppm)阈限值时，作业现场应执行以下程序：

① 立即安排专人观察风向、风速以便确定受侵害的危险区；

② 切断危险区的不防爆电器的电源；

③ 安排专人到危险区检查泄漏点。

(2) 当硫化氢浓度达到 30mg/m$^3$(20ppm)时，执行以下应急程序：

① 向上级(第一负责人)报告；

② 指派专人在主要下风口 100m 以外进行硫化氢监测；

③ 实施井控(应急)程序，控制硫化氢泄漏源；

④ 撤离现场的非应急人员；

⑤ 在作业现场禁止使用明火；

⑥ 通知救援机构。

(3) 当井喷失控，井口主要下风口 100m 以外测得硫化氢浓度达到 75mg/m$^3$(50ppm)时，在执行以上程序外执行以下应急程序：

① 向当地政府报告，协助当地政府作好井口 500m 范围内居民的疏散工作；

② 关停生产设施；

③ 设立警戒区，任何人未经许可不得入内；

④ 请求援助。

(4) 当井喷失控，井场硫化氢浓度达到 150mg/m$^3$(100ppm)时，现场作业人员应按预案立即撤离井场。第一负责人应按应急预案的通讯表通知(或安排通知)其他有关机构和相关人员(包括政府有关负责人)。由生产经营单位向国家安全生产主管部门上报。

在采取控制和消除措施后，继续监测危险区大气中的硫化氢及二氧化硫浓度，以确定在什么时候方能重新安全进入。

### 三、油气井点火程序

(1) 含硫油气井井喷或井喷失控事故发生后，应防止火灾和爆炸。

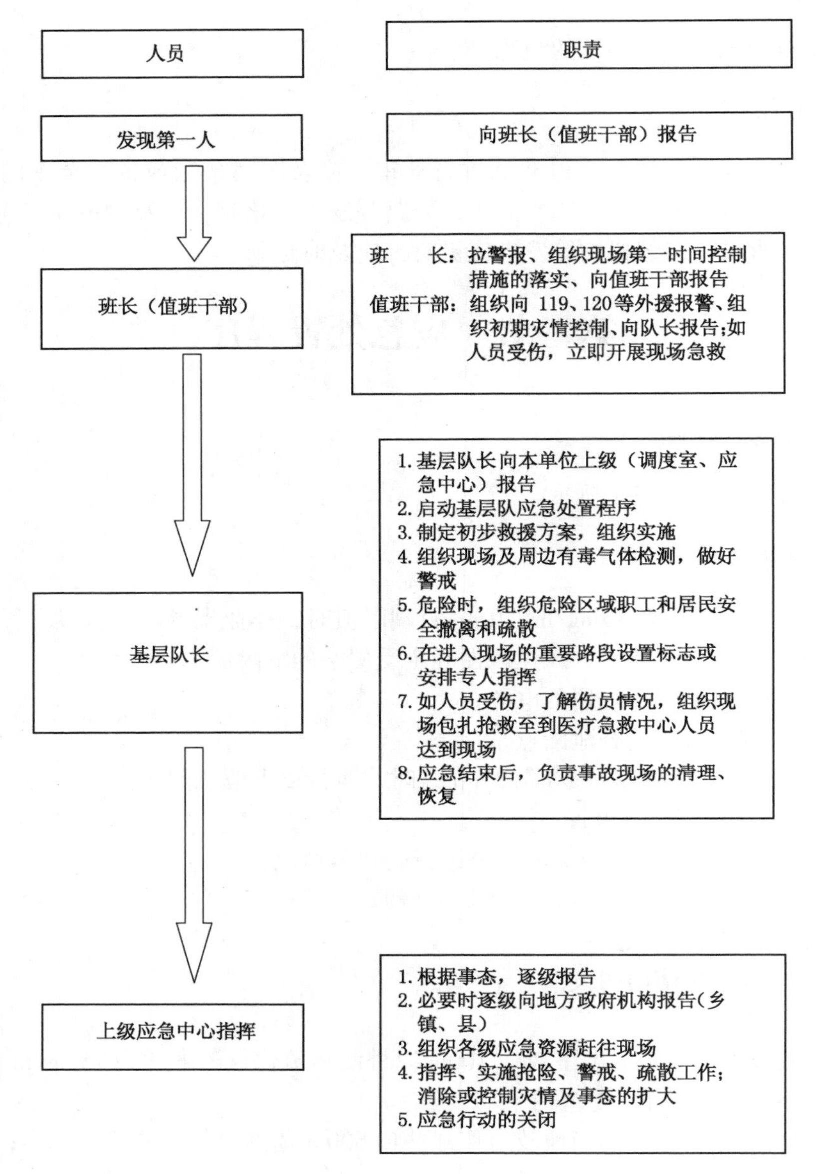


图 3-1　应急报告程序

（2）发生井喷后应采取措施控制井喷，若因井口压力有可能超过允许关井压力，需放喷时，放喷口应先点火后放喷。点火人员应佩戴防护器具，并在上风方向 30m 以外点火。

（3）井喷失控后，在人员的生命受到巨大威胁、人员撤离无望、失控井无希望得到控制的情况下，应作为最后手段按抢险作业程序在爆炸危险区以外对油气井井口实施点火。

（4）油气井点火程序的相关内容应在应急预案中明确。油气井点火决策人宜由生产经营单位代表或其授权的现场总负责人担任，并列入应急预案中。

（5）点火后应对下风方向尤其是井场生活区、周围居民区、医院、学校等人员聚集场所的二氧化硫的浓度进行监测。

## 四、井喷应急处置程序示例

### 1. 油气井井喷应急处置

| 步　骤 | 处　　置 | | 负责人 |
|---|---|---|---|
| 发现溢流等异常情况 | 向班长报告 | | 第一发现人 |
| 现场确认、拉警报、处置准备 | 班长确认溢流情况，拉警报，组织现场人员第一时间采取关井措施，同时向值班干部报告 | | 班长 |
| 监测 | 由四岗位负责监测井口外溢(泄)气体的性质及浓度，迅速向班长汇报：如含硫化氢气体，且浓度达到10ppm或含硫化氢气体达到井喷状态时，各岗位人员立即配戴正压式空气呼吸器 | | 四岗 |
| 关井放喷 | 按不同工况各岗位操作规程、岗位职责、规定动作操作 | | 班长 |
| 观察 | 一岗：负责监测油套管、管汇的固定及有无泄漏向班长报告 | | 班长 |
| | 二、三岗：观察、记录油、套压并向班长报告 | | |
| | 四岗：收集井下工况，管杆数据、压井液量、记录关井时间，向班长报告 | | |
| | 小班司机：停危险区域内不防爆电器 | | |
| | 副班长：观察、记录管汇及分离器压力并向班长报告 | | |
| 报告、报警、记录资料 | 班长向值班干部报告，值班干部向队长报告，队长向上级报告，同时向119、120等外援报警 | | 值班干部、队长、班长 |
| 点火、检测、疏散、警戒、压井抢险等 | 若井口控制 | 放喷时先通过放喷管汇及分离器安装油嘴控制放喷<br>喷量小、压力低：关放空阀，打开液气分离控制阀，通过分离器回收液体，气体通过放喷口点火<br>喷量大、压力高：更换油嘴或无阻流量放喷，在放喷口点火 | 班长 |
| | | 制定压井方案、压井 | 队长、值班干部、技术员 |
| | | 可燃气体及硫化氢检测：在井场、放喷点火口附近及井场周边分别检测可燃气体及硫化氢浓度；疏散硫化氢浓度大于20ppm区域内居民，熄灭井场及周边居民的用火源 | 生产副队长、安全副队长 |
| | 若井口失控处置 | 监测喷出气体性质，如含硫化氢则井场所有救助人员佩戴正压式空气呼吸器 | 四岗 |
| | | 打开所有放喷阀，并在其放喷口点火(根据风向在上风方向放喷口点火) | 班长 |
| | | 在井场及周边检测可燃气体浓度及硫化氢浓度，并及时向队长报告可燃气体浓度大于30%，硫化氢浓度大于20ppm的区域范围 | 安全副队长、生产副队长、指导员 |
| | | 由内向外分头组织疏散可燃气体浓度大于30%，硫化氢浓度大于20ppm区域的居民 | 指导员、生产副队长、安全副队长 |
| | | 请示上级，或现场决策井口点火 | 队长、值班干部 |
| | | 硫化氢浓度大于50ppm时，组织井场职工撤离现场，上级及地方救援力量赶到现场后，配合疏散、警戒。分别按硫化氢浓度20ppm、30ppm、50ppm设三道警戒线 | 指导员、生产副队长、安全副队长 |
| | | 清点人员，队长清点现场人员，现场指挥部清点社会人员 | 队长、现场指挥部 |
| | | 企地联合现场指挥部研究处置方案，按程序报批，安全处置 | 现场指挥部 |
| 应急关闭 | 通过上述应急处置，险情消除或控制后，现场总指挥发布应急关闭命令，各抢险力量有序撤离 | | 现场总指挥 |
| 现场恢复 | 基层队清理事故现场，恢复正常生产，原因分析 | | 队长 |

2. 硫化氢溢出达到 10ppm 的应急处置

<table>
<tr><th>步　骤</th><th colspan="2">处　　置</th><th>负责人</th></tr>
<tr><td>发现异常</td><td colspan="2">发现硫化氢且浓度达到 10ppm 时，第一发现人立即报告班长</td><td>第一发现人</td></tr>
<tr><td>关　井</td><td colspan="2">立即停止作业，立即发出一长二短汽笛报警，并组织关井</td><td>班　长</td></tr>
<tr><td rowspan="5">观察监测</td><td colspan="2">一岗：负责监测油套管、管汇的固定及有无泄漏并向班长报告</td><td rowspan="5">班　长</td></tr>
<tr><td colspan="2">二、三岗：观察、记录油、套压并向班长报告</td></tr>
<tr><td colspan="2">四岗：收集井下工况，管杆数据、压井液量、记录关井时间，负责监测硫化氢浓度并向班长报告</td></tr>
<tr><td colspan="2">小班司机：停危险区域内不防爆电器</td></tr>
<tr><td colspan="2">副班长：观察、记录管汇及分离器压力并向班长报告</td></tr>
<tr><td>汇　报</td><td colspan="2">班长将关井情况及有关数据向值班干部、队长报告</td><td>班　长</td></tr>
<tr><td>应急程序启动</td><td colspan="2">组织本队应急小组人员制定压井方案、压井</td><td>队　长</td></tr>
<tr><td rowspan="8">循环压井放喷</td><td colspan="2">当关井油管、套管压都为零时，在压井液中加入除硫剂，调整 pH 值大于 9.5，循环两周以上，达到油套平衡并观察</td><td rowspan="8">队长、班长</td></tr>
<tr><td rowspan="3">当关井油、套压小，根据上级指示求产放喷</td><td>按试气标准安装防硫管汇、油嘴</td></tr>
<tr><td>控制放喷</td></tr>
<tr><td>四岗、技术员记录油气性质、压力数据、产量并向上级汇报</td></tr>
<tr><td rowspan="3">如果压力升高快，当套压值要超过地层最大关井压力时，使用现场储备的压井液加入除硫剂，调整 pH 值大于 9.5，进行循环压井</td><td>启泵升压至套管井下压力，副班长打开套管阀，轻开油管放喷阀，循环注入压井液；返出气体点燃，液体通过分离器回收</td></tr>
<tr><td>二岗与三岗在液气分离器气管线放喷出口上风方向点火</td></tr>
<tr><td>四岗、副班长计量返出液体的性质及密度</td></tr>
<tr><td colspan="2">放喷时无关人员撤离到安全地带，操作人员佩戴正压式空气呼吸器</td></tr>
<tr><td>警　戒</td><td colspan="2">负责在井场下风口、点火口 100m、500m、1000m 范围内进行硫化氢、二氧化硫及可燃气体监测，根据监测情况（硫化氢浓度达到 20ppm，可燃气体浓度达到 30%）建立相应警戒区，做好警识及标志，负责警戒区内居民疏散、非应急人员撤离、禁止人畜和非现场应急车辆进入警戒区</td><td>安全副队长、技术副队长</td></tr>
<tr><td>应急关闭</td><td colspan="2">险情消除或控制后，队长发布应急关闭命令，各抢险力量有序撤离</td><td>队　长</td></tr>
<tr><td>现场恢复</td><td colspan="2">清理现场，恢复正常生产，原因分析</td><td>班　长</td></tr>
</table>

3. 硫化氢溢出达到20ppm的应急处置

<table>
<tr><th>步　骤</th><th colspan="2">处　　置</th><th>负责人</th></tr>
<tr><td>发现异常</td><td colspan="2">发现硫化氢，且浓度达到20ppm时，第一发现人立即报告班长</td><td>第一发现人</td></tr>
<tr><td>关　井</td><td colspan="2">立即停止作业，发出一长三短汽笛报警，组织班组人员穿戴好正压式空气呼吸器，关井</td><td>班　长</td></tr>
<tr><td rowspan="5">观察监测</td><td colspan="2">一岗：负责监测油套管、管汇的固定及有无泄漏并向班长报告</td><td rowspan="5">班　长</td></tr>
<tr><td colspan="2">二、三岗：观察、记录油、套压并向班长报告</td></tr>
<tr><td colspan="2">四岗：收集井下工况，管杆数据、压井液量、记录关井时间，负责监测硫化氢浓度并向班长报告</td></tr>
<tr><td colspan="2">小班司机：停危险区域内不防爆电器</td></tr>
<tr><td colspan="2">副班长：观察、记录管汇及分离器压力并向班长报告</td></tr>
<tr><td>汇　报</td><td colspan="2">班长将关井情况及有关数据向值班干部、队长报告</td><td>班　长</td></tr>
<tr><td rowspan="2">应急程序启动</td><td colspan="2">队长：组织应急现场指挥组各小组人员佩戴正压式空气呼吸器按职责分头行动；同时，根据情况向上级汇报</td><td rowspan="2">队　长</td></tr>
<tr><td colspan="2">制定压井方案、压井</td></tr>
<tr><td>搜　救</td><td colspan="2">佩戴正压式空气呼吸器搜救现场中毒人员和清场，把中毒人员移至安全地带，进行现场救护和送就近医院治疗</td><td>安全副队长</td></tr>
<tr><td>警　戒</td><td colspan="2">负责在井场下风口、点火口100m、500m、1000m范围内进行硫化氢、二氧化硫及可燃气体监测，根据监测情况（硫化氢浓度达到20ppm，可燃气体浓度达到30%）建立相应警戒区，做好警识及标志，负责警戒区内居民疏散、非应急人员撤离、禁止人畜和非现场应急车辆进入警戒区</td><td>安全副队长、技术副队长</td></tr>
<tr><td rowspan="8">循环压井放喷</td><td colspan="2">当关井油管、套管压都为零时，在压井液中加入除硫剂，调整pH值大于9.5，循环两周以上，达到油套平衡并观察</td><td rowspan="8">队长、甲方监督、班长</td></tr>
<tr><td rowspan="3">当关井油、套压小，根据上级指示求产放喷</td><td>按试油、气标准安装防硫管汇、油嘴</td></tr>
<tr><td>控制放喷</td></tr>
<tr><td>四岗、技术员记录油气性质、压力数据、产量并向上级汇报</td></tr>
<tr><td rowspan="3">如果压力升高快，当套压值要超过地层最大关井压力时，使用现场储备的压井液加入除硫剂，调整pH值大于9.5，进行循环压井</td><td>启泵升压至套管井下压力，副班长打开套管阀，轻开油管放喷阀，循环注入压井液。返出气体点燃，液体通过分离器回收</td></tr>
<tr><td>二岗与三岗在液气分离器气管线放喷出口上风方向点火</td></tr>
<tr><td>四岗、副班长计量返出液体的性质及密度</td></tr>
<tr><td colspan="2">放喷时无关人员撤离到安全地带，操作人员佩戴正压式空气呼吸器</td></tr>
</table>

续表

| 步　骤 | 处　　置 | 负责人 |
|---|---|---|
| 配　合 | 上级或地方的应急救援机构到达现场后，现场应急指挥组配合工作 | 现场指挥部 |
| 应急关闭 | 险情消除或控制后，现场总指挥发布应急关闭命令，各抢险力量有序撤离 | 现场总指挥 |
| 现场恢复 | 清理现场，恢复正常生产，原因分析 | 队　长 |

4. 硫化氢溢出达到100ppm的应急处置

| 步　骤 | 处　　置 | 负责人 |
|---|---|---|
| 发现异常 | 当硫化氢报警仪达到100ppm时，第一发现人立即口头报告司钻 | （地质工、坐岗工或其他第一发现人） |
| 关　井 | 司钻立即发出红色声光报警、发出连续拉响防空报警器，第一次持续时间为5min，以后每间隔3min拉响3min，直至险情结束报警，组织班组人员穿戴好空呼，按“四·七”动作关井 | 司　钻 |
| 观察监测 | 柴油司机：开柴油机排气管冷却水；开2#、3#柴油机；停1#柴油机 | 司钻 |
| | 发电工：立即打开探照灯，关停危险区域内非防爆电器 | |
| | 场地工：观察、记录套压并向司钻报告 | |
| | 外钳工观察、记录立压并向司钻报告 | |
| | 泥浆工/综合录井操作工：汇集钻井液增加量、工程参数及气测显示资料，记录关井时间，向司钻报告 | |
| | 泥浆大班(泥浆工程师)/地质采集工：负责监测井场硫化氢及二氧化硫浓度，并做好记录，向司钻报告 | |
| 汇　报 | 司钻将关井情况及有关数据向值班干部、平台经理(钻井队长)汇报 | 司　钻 |
| 应急程序启动 | 平台经理(钻井队长)组织应现场急指挥组各小组人员佩戴空呼按职责分头行动 | 平台经理(钻井队长)、甲方监督 |
| | 平台经理(钻井队长)：向本单位上级部门、项目部、当地政府(乡、镇、村)报告 | |
| | 甲方监督：向甲方报告 | |
| | 制定压井方案、压井 | |
| 搜　救 | 佩戴空呼搜救现场中毒人员和清场，把中毒人员移至安全地带，进行现场救护和送就近医院治疗 | 卫生员、材料员、泥浆大班 |
| 警　戒 | 负责在井场下风口、点火口100m、500m、1000m范围内进行硫化氢、二氧化硫监测，根据监测情况(硫化氢浓度达到20ppm)建立相应警戒区，负责通知当地政府(乡镇、村)警戒区内居民疏散工作、禁止人畜和非现场应急车辆进入警戒区 | 指导员、安全员 |

续表

<table>
<tr><th>步　骤</th><th colspan="2">处　　置</th><th>负责人</th></tr>
<tr><td rowspan="7">循环压井放喷</td><td colspan="2">当关井立压、套压均为零时，在钻井液中加入除硫剂，调整 pH 值大于 9.5，循环</td><td rowspan="7">平台经理、甲方监督、指导员、司钻、钻台大班</td></tr>
<tr><td rowspan="2">当关井套压小于极限点关井套压时，使用储备重浆调配压井泥浆节流压井</td><td>场地工开液气分离控制阀，关放喷阀，回收泥浆</td></tr>
<tr><td>井架工与机械工长（设备副队长、机械工程师）在液气分离器排气管出口点火</td></tr>
<tr><td rowspan="3">如果压力升高快，当套压值要超过地层最大关井压力时，用储备重浆循环放喷压井</td><td>场地工开放喷阀放喷</td></tr>
<tr><td>当喷出量减小时，场地工开液气分离控制阀，关放喷阀，回收泥浆</td></tr>
<tr><td>井架工与机械工长（设备副队长、机械工程师）在放喷管口和液气分离器排气管出口点火</td></tr>
<tr><td colspan="2">放喷时无关人员撤离到安全地带，操作人员佩戴空呼</td></tr>
<tr><td>配　合</td><td colspan="2">上级或地方的应急救援机构到达现场后，现场应急指挥组配合工作</td><td>现场指挥部</td></tr>
</table>

## 五、应急物品（器材、设施）一览表

1. 现场急救药品器械

| 药品器械 | 名　　称 | 数　量 |
|---|---|---|
| 器械 | 体温表 | 一只 |
| | 防爆充电式手电筒 | 一个 |
| | 止血带 | 一根 |
| | 10cm 和 5cm 见方的消毒纱布 | 各 10 块 |
| | 5cm 和 7.5cm 绷带 | 各 3 卷 |
| | 消毒三角巾 | 3 卷 |
| | 胶布 | 2 卷 |
| | 消毒棉签 | 2 包 |
| | 消毒棉球 | 1 包 |
| 药品 | 急救盒一只，内有硝酸甘油片、安定片、心痛定片、心得安片、阿托品片 | 各 20 片 |
| | 麝香保心丸 | 一瓶 |
| | 止喘喷雾剂 | 一瓶 |
| | 75%酒精 | 60mL |
| | 2.5%碘酒 | 60mL |
| | 紫药水 | 一小瓶 |
| | 伤湿止痛膏 | 一袋 |
| | 去痛片或去痛喷雾剂 | 各一瓶 |
| | 云南白药 | |

2. 现场气防器具

| 序号 | 名　　称 | 规格型号 | 数　量 | 安放位置 | 备　注 |
|---|---|---|---|---|---|
| 1 | 固定式监测传感器 | | 1(6 探头) | 钻台上下、出液口 | |
| 2 | 便携式硫化氢监测仪 | TX2000 | 6 | 各试油工携带 | |
| 3 | 便携式可燃气体监测仪 | EX2000 | 1 | 四岗位携带 | |
| 4 | 正压式空气呼吸器 | CWAC157-6.8-30A | 6 | 值班房 | |
| 5 | 充气泵 | | 1 | | |
| 6 | 应急发电机 | KDE12EA3 | 1 | 井场值班房 | |
| 7 | 便携式低压防爆灯 | XTJ6688TDJ | | | |

3. 现场消防器材

| 序号 | 名　　称 | 规格型号 | 数　量 | 安放位置 | 备　注 |
|---|---|---|---|---|---|
| 1 | FMZ8 干粉灭火器 | 8kg | | | |
| 2 | FMZ35 干粉灭火器 | 35kg | | | |
| 3 | 消防毯 | | | | |
| 4 | 消防锹 | | | | |
| 5 | 消防砂 | | | | |
| 6 | 消防泵 | | | | |

说明：《石油钻井队安全生产检查规定》(SY 5876)对井场消防安全的一般要求为：井场应配备 100L 泡沫灭火器 2 个，8kg 干粉灭火器 10 个，5kg 二氧化碳灭火器 2 个，消防斧 2 个把，防火铲 6 把，消防桶 8 只，防火砂 $4m^3$，75m 长消防水龙带 1 根，直径 19mm 直流水枪 2 支。这些器材均应整齐清洁摆放在消防房内，机房配备“A 类”灭火机 3 只，发电房配备“A 类”灭火机 2 只，在野营房区也应配备一定数量的消防器材。

# 第四节　事故应急救援

## 一、事故应急救援的基本任务及特点

1. 事故应急救援的基本任务

事故应急救援的总目标是通过有效的应急救援行动，尽可能地降低事故的后果，包括人员伤亡、财产损失和环境破坏等。事故应急救援的基本任务包括下述几个方面：

(1) 立即组织营救受害人员，组织撤离或者采取其他措施保护危害区域内的其他人员。抢救受害人员是应急救援的首要任务，在应急救援行动中，快速、有序、有效地实施现场急救与安全转送伤员是降低伤亡率，减少事故损失的关键。

(2) 迅速控制事态，并对事故造成的危害进行检测、监测，确定事故的危害区域、危害性质及危害程度。及时控制造成事故的危险源是应急救援工作的重要任务，只有及时控制危险源，防止事故的继续扩展，才能及时有效进行救援。

（3）消除危害后果，做好现场恢复。针对事故对人体、动植物、土壤、空气等造成的现实危害和可能的危害，迅速采取封闭、隔离、洗消、监测等措施，防止对人的继续危害和对环境的污染。

（4）查清事故原因，评估危害程度。事故发生后应及时调查事故的发生原因和事故性质；评估事故的危害范围和危险程度，查明人员伤亡情况，做好事故原因调查，并总结救援工作中的经验和教训。

2. 事故应急救援的特点

应急工作涉及多个公共安全领域，构成一个复杂的系统，具有不确定性、突发性、复杂性，以及后果、影响易猝变、激化、放大的特点。

（1）不确定性和突发性

不确定性和突发性是各类安全事故、灾害与事件的共同特征，大部分事故都是突然爆发，爆发前基本没有明显征兆，而且一旦发生，发展蔓延迅速，甚至失控。因此，要求应急行动必须在极短的时间内在事故的第一现场做出有效反应，在事故产生重大灾难后果之前，采取各种有效的防护、救助、疏散和控制事态等措施。

（2）应急活动的复杂性

应急活动的复杂性主要表现在：事故、灾害或事件影响因素与演变规律的不确定性和不可预见的多变性；众多来自不同部门参与应急救援活动的单位，在信息沟通、行动协调与指挥、授权与职责、通讯等方面的有效组织和管理；应急响应过程中公众的反应、恐慌心理、公众过激等突发行为复杂性等。

（3）易猝变、激化和放大

公共安全事故、灾害与事件虽然是小概率事件，但后果一般比较严重，能造成广泛的公众影响，应急处理稍有不慎，就可能改变事故、灾害与事件的性质，使平稳、有序、和平状态向动态、混乱和冲突方面发展，引起事故、灾害与事件波及范围扩展，卷入人群数量增加和人员伤亡与财产损失后果加大，猝变、激化与放大造成的失控状态，不但迫使应急响应升级，甚至可导致社会性危机出现，使公众立刻陷入巨大的动荡与恐慌之中。因此，重大事故(件)的处置必须坚决果断，而且越早越好，防止事态扩大。

## 二、事故应急救援体系响应程序

事故应急救援体系响应程序按过程可分为接警、相应级别确定、应急启动、救援行动、应急恢复和应急结束等几个过程，如图3-2所示。

1. 接警与相应级别确定

接到事故报警后，按照工作程序，对警情做出判断，初步确定相应的响应程序级别。

2. 应急启动

应急响应级别确定后，按所确定的响应启动应急程序，通知应急中心有关人员到位，开通信息与通信网络，通知调配救援所需的应急资源，成立现场指挥部等。

3. 救援行动

有关应急队伍进入事故现场后，迅速开展事故侦测、警戒、疏散、人员救助、工程抢险等有关应急救援工作，专家组为救援决策提供建议和技术支持。当事态超出响应级别无法得到有效控制时，相应应急中心请求实施更高级别的应急响应。

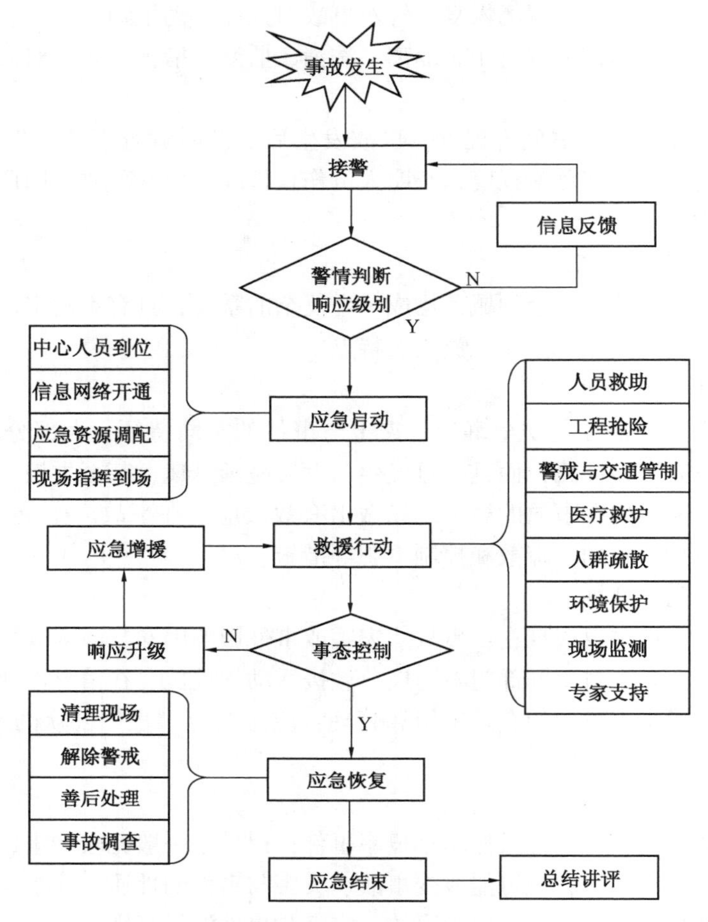


图 3-2　事故应急救援体系响应程序

4. 应急恢复

救援行动结束后，进入临时应急恢复阶段。该阶段主要包括现场清理、人员清点和撤离、警戒解除、善后处理和事故调查等。

5. 应急结束

执行应急关闭程序，由事故总指挥宣布应急结束。

# 第四章　硫化氢中毒现场急救

硫化氢是一种剧毒的气体，一旦硫化氢气体浓度超标，将威胁施工作业人员的安全，引起人员中毒甚至死亡。因此，掌握硫化氢中毒的现场急救知识，对于保障人身安全、实现安全生产等都具有十分重要的意义。

## 第一节　人体生理指标与作业准备

### 一、人体生理指标

1. 人体的解剖结构

人体由头、颈、躯干和四肢四个部分组成。人体的基本单位是细胞。许多形状相似功能相同的细胞聚在一起，成为组织。人体由上皮组织、结缔组织、肌肉组织和神经组织组成。几种不同组织结合起来，执行一定的功能，叫做器官。几种器官联合起来，担负身体里某一方面的任务叫做系统，人体由消化、呼吸、循环、神经、内分泌、泌尿生殖和运动系统组成。

2. 人体的生理指标

人体的生理指标是指体温、脉搏、呼吸和血压。了解正常成人的生理指标有助于对疾病轻重的估计。

（1）体温　人体有三个部位可测量体温，即口腔、腋下、肛门，体温表分口表和肛表两种，前者头细后者头粗，它们均可用腋下测量，详见表4−1。

**表4−1　体温的测量方法**

| 测量部位 | 正常温度 | 安放部位 | 测量时间 | 使用对象 |
|---|---|---|---|---|
| 口　腔 | 36.5~37.5℃ | 舌下闭口 | 3min | 神志清醒成人 |
| 腋　下 | 比口腔低0.5℃ | 腋下深处 | 5~10min | 昏迷者 |
| 肛　门 | 比口腔高0.5℃ | 插入肛门内 | 3min | 婴幼儿及昏迷者 |

（2）脉搏　动脉血管的搏动称为脉搏，它与心跳是一致的。正常人脉搏一般为每分钟60~100次，大部分在70~80次/min之间，每分钟快于100次为过速，慢于60次为过缓。

（3）呼吸　正常成年人呼吸14~18次/min。检查时让患者静卧，观看其胸部或腹部的起伏，一起一伏为呼吸一次。也可用听诊器或直接贴在其胸部听呼吸音。较简易的方法是用手感觉口、鼻前方气体的出入。

（4）血压　血管内流动的血液对血管壁所产生的压力称为血压，常测量肱动脉血压。正常成人血压：收缩压11.8~18.7kPa，舒张压7.9~11.8kPa。成人收缩压大于18.7kPa或舒张压大于11.8kPa称为高血压，收缩压低于11.8kPa或舒张压低于7.9kPa称为低血压。

## 二、作业准备

（1）施工队伍应持有天然气井工程施工资质，并建立甲方安全主管部门认可的HSE管理体系。

（2）凡在可能含有硫化氢场所工作的人员均应接受硫化氢防护培训，并取得“硫化氢防护技术培训证书”。明确硫化氢的特性及其危害，明确硫化氢存在的地区应采取的安全措施，以及推荐的急救程序。

（3）对工作人员进行现有防护设备的使用训练和防硫化氢演习。使每个人做到非常熟练地使用防护设备，达到在没有灯光的条件下30s内正确佩戴正压式空气呼吸器。

（4）在进入怀疑有硫化氢存在的地区前，应先进行检测，以确定其是否存在及其浓度。检测时要佩戴正压式空气呼吸器。

（5）当准备在一个被告有硫化氢可能存在的环境中工作时，作业人员必须对危险情况有全面的思想准备。可以提前准备一个应付紧急情况，及时逃生的方案。例如工作中经常观察风向、最佳逃生通道、报警器的位置、有效呼吸器的存放位置等。

（6）所有工作人员应明确自身应急程序。如果发生硫化氢泄漏，必须做到：

①离开此地；②打开警报器；③戴上空气呼吸器；④抢救中毒者；⑤使中毒者苏醒；⑥争取医疗救援。

（7）没有戴上合适的正压式空气呼吸器，切记不要进入硫化氢可能积聚的封闭地区。而且，只要离开安全区超过一胳膊远的距离，就应戴上有救生绳的安全带。而救生绳的另一端由安全区的人抓着，以便发生意外时，将其拉出危险区。

（8）对可能遇有硫化氢的作业场所入口处应有明显、清晰的警示标志：

①井处于受控状态，但存在对生命健康的潜在或可能的危险[硫化氢浓度小于15mg/$m^3$（10ppm）]，应挂绿牌；

②对生命健康有影响[硫化氢浓度15mg/$m^3$（10ppm）~30mg/$m^3$（20ppm）]，应挂黄牌；

③对生命健康有威胁[硫化氢浓度大于或可能大于30mg/$m^3$（20ppm）]，应挂红牌。

# 第二节 现场救护程序

一旦发生硫化氢泄漏导致中毒事故，一定要在第一时间内在保证自身安全下对中毒人员采取紧急救护，对现场进行应急处置。

## 一、现场急救原则

（1）先确定伤员是否有进一步的危险；

（2）沉着、冷静、迅速地对危重病人给予优先紧急处理；

（3）对呼吸、心力衰竭或停止的病人，应清理呼吸道，立即实施心肺复苏术；

（4）控制出血；

（5）对于特殊环境的影响，易出现激动、痛苦和惊恐的现象，要安慰伤病员，减轻伤病员的焦虑；

（6）预防及抗休克处理；

（7）搬运伤病员之前应将骨折及创伤部位予以相应处理，对颈、腰椎骨折、开放性骨折的处置要十分慎重；

(8) 尽快寻求援助或送往医疗部门。

## 二、中毒现场的救护程序

当工作场所发现有硫化氢泄漏或有人员中毒晕倒时，正确地保护自己、救助他人的方法和技术是现场每一位工作人员都必须了解和掌握的。

下面的六个步骤可以有效地实施现场自救与互救，如图 4-1 所示。

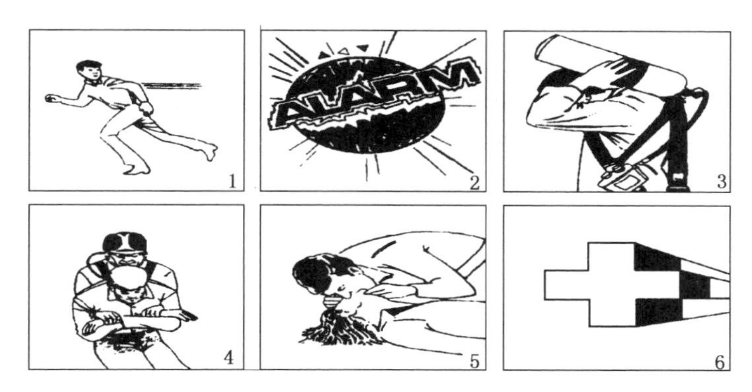


图 4-1　自救与互救程序

1. 离开毒气区(脱离)

首先了解硫化氢气体的来源地以及风向，确定进出线路，然后快速撤离到安全区域。如果人员在泄漏源的上风方向，就往上风方向跑；如果人员在泄漏源的下风方向，应向两侧垂直方向跑，尽可能地向高处走，避免自身中毒。

2. 打开报警器(报警)

按动报警器，并使报警器报警。如果报警器在毒气区里，或附近没有合适的报警系统，就大声警告在毒气区的其他人。

3. 戴好呼吸器(保护)

在安全地区，放置一个最近的设备，按照所要求的配戴程序戴好呼吸器。

4. 救助中毒者(救助)

估计中毒情况(是否有一些不寻常的因素需要考虑)。根据中毒者的状态、施救人员的多少以及路况，选择一种合适的救助技术，将中毒者从毒气区转移到安全地带。

5. 检查并实施急救(处置)

检查中毒者的中毒情况。如果呼吸、心跳停止，应立即进行心肺复苏，力争使中毒者苏醒，为进一步的医疗救助争取时间。

6. 进行医疗救护(医护)

医护人员到达现场后，由医护人员检查受伤情况并采取必要的救护措施，并送往急救中心或医院做进一步的诊断和治疗。医疗救护程序为：

(1)一旦发生人员中毒事故，目击者应立即赶赴报警点，发出急救信号；

(2)用电台、电话、对讲机与医院联系，通报伤者情况、出事地点、时间，并让医院做好急救准备；

(3)正确佩戴呼吸器，在保证自身安全的前提下抢救中毒者；

(4)急救中心接到报警信号后，立即安排救护人员赶赴事故现场开展救护；

(5)现场医生检查伤员情况并采取必要的救护措施。

救护车运送伤员途中要与急救小组时刻保持联系，随时报告中毒者的病情和具体位置，急救小组也要及时向承包方代表和甲方监督汇报，同时应急小组还要与高一级医院联系，以便在当地医院无法处理时接收处理。

## 三、情景模拟

下列假设救护一个被毒气击倒的受害者的过程，读完这个事件，看看有哪六个步骤可以用来进行救护。

你和一个钻井液工正在钻井液循环罐上检查设备运行情况。你站在距离钻井液工 5m 远处，钻井液工正在进行检查，便携式正压空气呼吸器放在钻井液坐岗房中。钻井液工体重 80kg，靠在振动筛附近，释放出的硫化氢气体将他击倒。

你将怎么办？

分析：

第一步　撤离毒气区

首先，你不能立刻冲上前去帮助你的伙伴，很明显，硫化氢气体的释放来源于振动筛。因硫化氢气体泄漏发生在室外，因此要注意风向，要尽快地离开此地，要使身体保持直立，因为密度大的气体是先在地板水平面上扩散。

第二步　报警

你要大声喊叫，去通知能听到你声音的任何人，让他们立刻撤离。同时在振动筛的上风方向找一个最近的警报开关，如果你一旦按响了警报器，就立刻离开毒气区保护好你自己。

第三步　佩戴呼吸器

找到安全存放处的便携式正压空气呼吸器，按照操作要求戴上呼吸器。

第四步　抢救中毒者

估计现场情况，假定中毒者失去知觉，这就意味着你不能靠他来给自己提供什么帮助。一定要记住，中毒者的体重要比你重，或者至少他的体重使得在这种情况下使用任何抬的技术都无用。这就需要选择一个合适的方法。因为中毒者失去知觉，因此确认中毒者受伤的程度是很重要的，为了安全，假设他可能受伤，采用拽领救护法的抢救方法，就可以减少受伤处恶化的机会。

一旦你到达中毒者身边，就立刻对他做尽可能的全面检查，确认哪里有伤。如果他所处位置不合适拽领救护法，就将他滚到一个合适的位置。用两手紧紧抓住衣领(如果你能做到)，将他拖到安全地带。计划好你的路线，避开障碍物，因为障碍物逼迫你走走停停，因为你有向前走的冲力，保持身体运动与不停地走，会使你消耗较少的体力。留心观察中毒者或许自己慢慢苏醒过来，观察可能出现的任何征兆，会比你第一次检查时发生的问题要多。如果你发现自己拖不动他，就去寻找帮助，救护时间的浪费会直接影响中毒者复活的机会，也许最终会使自己成为一名受害者。

第五步　使中毒者复活

一旦你进入安全地带，就要对受害者全身做仔细的检查，看有无受伤，然后立刻进行口对口的人工呼吸，直到他自己恢复呼吸。在一段时间内要密切监视着他，以防他停止呼吸或表现出需要急救的症状。

第六步　取得医疗帮助

向最近的医院请求医疗帮助。继续做人工呼吸和监视，一直到医务人员赶到。要记住，医疗帮助不仅仅是对被毒气击倒的伙伴，也是对你以及所有的在 $H_2S$ 气体附近可能被毒气毒害的其他人。

## 第三节　转移搬运技术

转移般运技术是指在事故现场没有担架或现场不能使用担架的情况下，将中毒者转移到安全地带的徒手救护技术。它们包括但不限于下列内容：

(1) 拖两臂法；

(2) 拖衣服领口法；

(3) 两人抬四肢法。

1. 拖两臂法

让受害者平躺，施救者蹲于受害者后面，扶着受害者的头颈使受害者处于半坐状态，用大腿或膝盖支撑受害者背部，将双臂置于受害者腋窝下，弯曲受害者的胳膊并牢固地抓住受害者前臂(保证使其手臂紧贴其胸口)，站起时将受害者的背部靠在施救者胸部，将受害者抱起，向后退、将受害者拖到安全地带，如图4-2所示。

图 4-2　拖两臂法

这种救护方法可以用来救助有知觉或无知觉的个体中毒者。如果中毒者无严重受伤即可用两臂拖拉法。

2. 拖衣服领口法

让受害者平躺，解开其拉链 15~20cm。如果可能，将受害者处于半坐状态。施救者站于受害者两侧，背向受害者，将其最近的手插入受害者衣领的内部直到触及其肩，牢固抓紧受害衣领并提起。协同工作，尽可能用前臂和衣领支撑受害者的颈部，将受害者拖至安全地带，如图 4-3 所示。

这种救护方法应该是转移受害者最快的方法，适用于受害者处于平坦地方的情况。

3. 两人抬四肢法

图 4-3　拖衣服领口法

图 4-4　两人抬四肢法

让受害者平躺。两名救助者分别站在中毒者的后面，都面向一个方向。一名救护人员将手放入受害者的腋下，插入受害者两臂上方，并抓住受害者的前臂。另一名救助者抓住受害者膝盖后部，两名救助者一起抬着走，把受害者抬至安全地带，如图 4-4 所示。

当有几个救护人员时，就可使用这种救护方法。该方法可以在一些受限的空间或区域内采用。

# 第四节　心肺复苏术

## 一、心肺复苏的概念

心肺复苏(CPR)是指患者心跳呼吸骤停后，在现场实施紧急的徒手心脏胸外按压和人工呼吸技术，可以使猝死患者起死回生。它是最基础的生命支持。

由于呼吸、心跳骤停发生的突然，而多数又发生在医院外，所以现场抢救常处于无任何设备的情况下进行，人员也大多是非医务人员，因此在复苏训练中，既需要认真学习操作方法，又需要反复进行实际操作，才能达到熟练、准确。

近年来，我国各地由各种原因发生的猝死有日益增多的趋势，其中触电、溺水、中毒、物体打击及冠心病、心肌梗塞为多见，其猝死多数是由于心律紊乱、呼吸肌痉挛等所致，只要抢救及时、得法、有效，多数是可以救治的。

## 二、心肺复苏的关键时限

人体重要脏器对缺氧敏感的顺序为脑、心、肾、肝。复苏的成败，很大程度上与中枢神经系统功能能否恢复有密切关系。

心跳呼吸骤停后 4min 内，人体内储存的氧气尚能勉强维持大脑的需要；4~6min 脑细胞有可能发生损伤。6min 后脑细胞肯定会发生不可逆转的损伤。因此，心肺复苏开始的越早，其成功率就越高。

心跳呼吸均停止则为临床死亡，一般认为其期限为 4~6min，即在此时限之内，各器官还未发生不可逆的病理变化，若救治及时，方法恰当，患者是可以救治的；若抢救不及时，使脑、心、肾等重要脏器的缺氧性损伤变为不可逆性时，便失去了复苏的机会。

事实上，由于致病原因的不同及个体对缺氧的耐受力各有差异，故这一时限并非绝对，我国就曾有不少成功抢救心跳呼吸停止 6min 以上患者的实例。所以抢救心肺骤停者既要分秒必争，又切不可过强调时限而轻易放弃抢救机会。

## 三、心肺复苏术的步骤

1. 检查意识

当发现有人突然倒地，抢救者应按照救护程序迅速将患者转移到安全的地方。救助者确认环境安全后，就应立即检查受害者的意识，如图 4-5 所示。在检查中，可以拍打其双肩，大声问“你还好吗?”。如果患者有所应答但是已经受伤或需要救治，根据患者受伤的情况进行简单的紧急处置，再去拨打急救电话，然后重新检查受害者的情况；如果患者无反应，表明患者的意识已经丧失。

2. 大声呼救

当救助者发现没有意识的患者时，应立即大声呼叫“来人啊！救命啊！”尽可能争取到更多人的帮助，如图 4-6 所示。如果条件允许的话，可用一台心脏除颤仪，以备进行心肺复苏时除颤。

图 4-5　检查意识

图 4-6　呼救

当发现患者没有意识时，切勿惊慌失措，绝不可离开患者去求救，这样就延误了抢救时机。

3. 患者体位

在进行心肺复苏之前，首先将患者仰卧于坚实平面如木板上，头、颈、躯干无扭曲。如果没有意识的患者为俯卧位或侧卧位，应将其放置为仰卧。翻动患者时务使头、肩、躯干、臀部同时整体转动，防止扭曲。翻动时尤其注意保护颈部，抢救者一手托住其颈部，另一手扶其肩部，使患者平稳地转动为仰卧位，如图 4-7 所示。

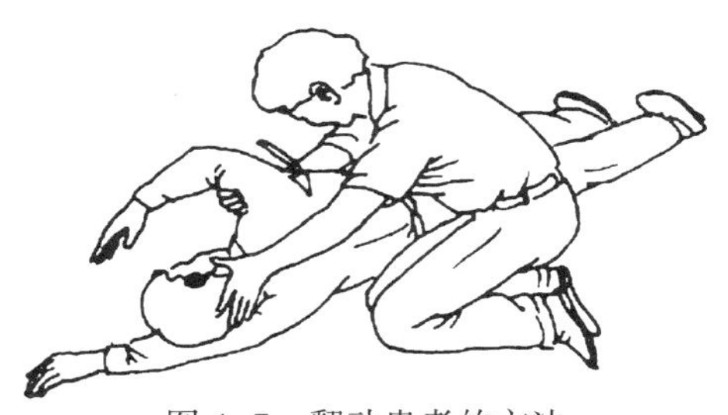
图 4-7　翻动患者的方法

4. 开放气道

对于创伤和非创伤的患者，救助者都应该用仰头抬颈或仰头举颈法手法开放气道。托颌法因其难以掌握和实施，常常不能有效的开放气道，还可能导致脊柱损伤，因而不再建议救助者采用。在开放气道之前，救助者应检查患者口鼻中是否有异物，如有须清理干净后再开放气道。

开放气道的方法：

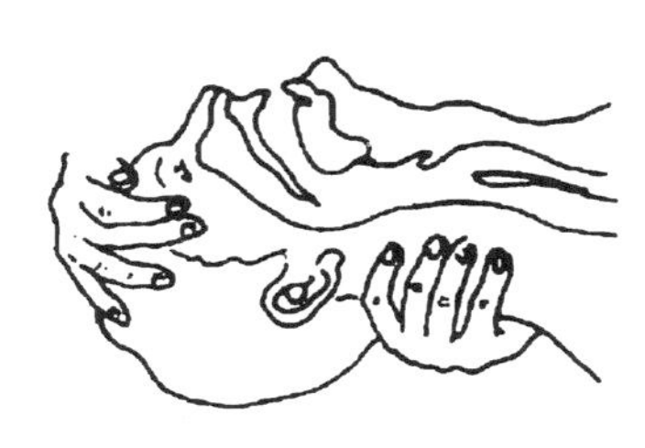
图 4-8　仰头抬颈法

（1）仰头抬颈法

抢救者跪于患者头部的一侧，一手放在患者的颈后将颈部托起，另一手置于前额，压住前额使头后仰，其程度要求下颌角与耳垂边线和地面垂直，动作要轻，用力过猛可能造成损伤颈椎，如图 4-8 所示。

（2）仰头举颏法

抢救者一只手放置于患者的前额，另一只手的食中指放在下颌骨下方，将颏部向上抬起。统计认为仰头举颏法较仰头抬颈法更为有效。此法现已定为打开气道的标准方法，如图 4–9 所示。

5. 检查呼吸

检查呼吸是否存在。首先观察病人胸、腹部，当有起伏时，则可肯定呼吸的存在。然而在呼吸微弱时，就是从裸露的胸部也难肯定，此时需用耳及面部侧贴于患者口及鼻孔前感知有无气体呼出，如图 4–10 所示，如确定无气体呼出或呼出微弱时，表示呼吸已停止。

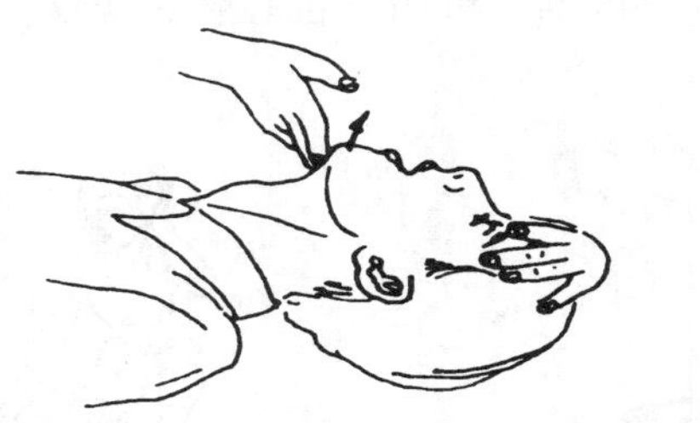

图 4–9　仰头举颏法

图 4–10　检查呼吸

6. 人工呼吸

人工呼吸(既口对口吹气)即可以给患者提供氧气，又可以确认患者的呼吸道是否畅通。捏住患者的鼻翼，形成口对口密封状。每次吹气超过 1s，然后“正常”吸气，再进行第二次吹气。人工呼吸最常见的困难是开放气道，所以如果患者的胸廓在第一次吹气时没发生起伏，应该检查气道是否已打开，如图 4–11 所示。

7. 胸外按压

如果受害者的意识丧失、呼吸停止，应立即实施胸外按压，按压方式如图 4–12 所示。

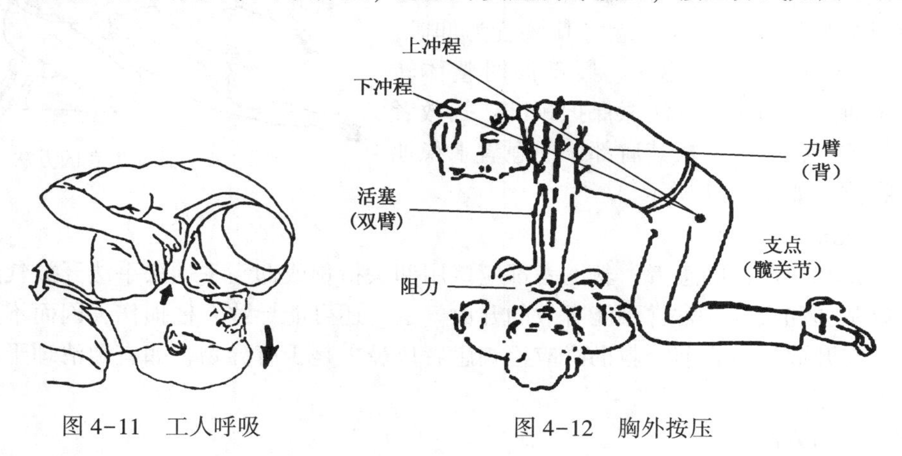


图 4–11　工人呼吸　　图 4–12　胸外按压

胸外按压技术要求：

① 按压部位

两个乳头连线的中点即为按压点。

② 按压手法

双手重叠，扣紧，下手掌掌根压在按压点上。

③ 按压姿势

抢救者跪于患者一侧，抢救者双臂伸直，肘关节固定不能弯曲，双肩位于病人胸部正上方。身体向前倾斜，利用身体的体重和肩、臂肌肉的力量，垂直下压胸骨，下压深度为患者胸背厚度的1/3~1/2。

④ 按压方式

按压必须平稳而有规律地进行，不能间断，每次按压后必须缓慢逐渐抬手，使胸骨复位，以利于心脏舒张。但应注意不可猛压猛放，因猛压与猛放易引起血流骤喷。

⑤ 按压频率

1分钟按压100次，向下按压和向上松开的时间相等，按压通气比均为30：2。

胸外按压的根本目的在于保持有效的血液循环，因此操作时除迅速，准确外，还应注意以下事项：第一，按压位置要正确，否则不仅无效，且将现出肋骨骨折、胃内物返流等副作用；第二，开始按压时切忌用力猛，最初的一、二次按压不妨用力略小，以探索患者胸廓弹性，尽量避免发生肋骨骨折等；第三，在进行胸外按压的同时，如有必要应进行口对口的人工呼吸。

## 四、心肺复苏有效和终止的指标

1. 心肺复苏有效的指标

实施心肺复苏中，可根据以下几条指标考虑是否有效：

（1）瞳孔：若瞳孔由大变小，复苏有效；反之，瞳孔由小变大、固定、角膜混浊，说明复苏失败。

（2）面色：由发紫绀转为红润，复苏有效；变为灰白或陶土色，说明复苏无效。

（3）颈动脉搏动：按压有效时，每次按压可摸到1次搏动；如停止按压，脉搏仍跳动，说明心跳恢复；若停止按压，搏动消失，应继续进行胸外心脏按压。

（4）意识：复苏有效，可见患者有眼球活动，并出现睫毛反射和对光反射，少数患者开始出现手脚活动。

（5）自主呼吸：出现自主呼吸，复苏有效，但呼吸仍微弱者应继续口对口人工呼吸。

2. 心肺复苏终止的指标

一旦实施心肺复苏，急救人员应负责任，不能无故中途停止。又因心脏比脑较耐缺氧，故终止心肺复苏应以心血管系统无反应为准。若有条件确定下列指征，且进行了30min以上的心肺复苏，才可考虑终止心肺复苏。

（1）深度昏迷，对疼痛刺激无任何反应；

（2）自主呼吸持续停止；

（3）瞳孔散大固定；

（4）脑干反射全部或大部分消失，包括头眼反射、瞳孔对光反射、角膜反射、吞咽反射、睫毛反射消失。

## 五、现场抢救法

在抢救现场发现患者时往往人员很少，有时需要一个人熟练地完成一系列各项抢救的技术。如前面提到的，当病人意识不清时，千万不可惊慌失措，不能把病人放一边不顾而去找人、打电话、找车等等。应该首先评估患者意识是否丧失。如患者意识丧失，让其他人打电话通知医院，另一方面也是至关重要的，要迅速按照心肺复苏的程序进行抢救，摆好病人体位，畅通呼吸道，如病人无呼吸，即进行连续口对口吹气2次，然后检查患者呼吸是否恢复，如呼吸恢复，应继续监护；如果患者呼吸仍然未恢复，就可以由此断定患者脉搏已经停止，应立即实施心肺复苏。则人工呼吸与心脏体外按压需同时进行。按压频率为 100 次/min。按压与吹气之比为即 30∶2，即 30 次心脏按压，2 次吹气交替进行。操作期间抢救者同时计数 1、2、3、4、5、6……30 次按压后抢救者迅速倾斜头部，正常吸气，捏紧患者鼻孔，有效吹气两次，然后再回到胸部，重新开始以每分钟 100 次的速度按压 30 次，吹气 2 次。如此反复进行，直到其他人员到来或专业医务人员到来。抢救者通过看、听和感觉来判定呼吸，而心跳是否恢复则通过摸颈动脉是否有搏动或者直接接触胸壁心前区触之是否有心跳。开始心肺复苏操作后无须进行呼吸、脉搏评估，这些工作可以有后来者实施。心肺复苏操作中断时间最多不超过 5s，为了减少抢救者的疲劳，抢救者的位置应当合适，正确的位置应在患者的头与胸之间，抢救者的双膝稍分开，这样既能胸外按压，又便于口对口吹气，不需要每次来回转动体位。

# 第五章　钻井作业硫化氢防护

《含硫化氢油气井安全钻井推荐作法》(SY/T 5087)和《含硫油气井钻井操作规程》(Q/CNPC 115)。《钻井井控技术规程》(SY/T 6426)、《钻井井控装置组合配套、安装调试与维护》(SY/T 5964)等行业标准对石油钻井作业硫化氢防护已有明确规定，施工作业中应严格执行。

## 第一节　地质及工程设计要求

含有(或可能含有)硫化氢的钻井地质及工程设计对硫化氢防护的安全要求应包括但不仅限于以下要求：

(1) 对井场周围一定范围内(探井周围3km、开发井周围2km)的居民住宅、学校、公路、铁路、厂矿(包括开采地下资源的矿业单位)、国防设施、高压电线、水资源情况以及风向变化等进行实地勘察和调查，在钻井地质设计中标注说明，并作出地质灾害危险性及环境、安全评估。在煤矿、金属矿等非油气矿藏开采区钻井，还应标明地下矿井坑道的分布、深度、走向及地面井位与矿井、坑道的关系。

(2) 在地下矿产采掘区钻井，井筒与采掘坑道、矿井通道之间的距离不少于100m，套管下深应封住开采层并超过开采层底部深度100m以上。在江河干堤附近钻井应标明干堤、河道位置，同时应符合国家安全、环保规定；在环境、生态敏感区附近的钻井作业应符合国家、地方安全、环保规定。

(3) 含硫油气井设计应按照《钻井井控设计技术规程》(SY/T 6426)、《含硫油气井钻井操作规程》(Q/CNPC115)等规定，配置、使用相应井控装置。

(4) 地质设计中，应注明含硫地层层位、埋藏深度和及其含量进行预测，并在设计中明确应采取的相应安全和技术措施。

(5) 工程设计中，应明确钻开油气层前加重钻井液和加重材料的储备量，以及油气井压力控制的主要技术措施。原则上不允许在含硫油气地层进行欠平衡钻井。

(6) 当预计储层中天然气的总压等于或大于0.4MPa(60psi)，而且该气体中硫化氢分压等于或高于0.0003MPa，或硫化氢含量大于75mg/m$^3$(50ppm)时，应使用抗硫井控设备、套管、油管等其他管材和工具，高压含硫地区可采用厚壁钻杆。

(7) 对含硫油气层上部的非油气矿藏开采层应下套管封住，套管鞋应大于开采层底部深度100m，目的层为含硫油气层以上地层压力梯度与之相差较大的地层也应下套管封隔。在井下温度高于93℃的井段，套管可不考虑其抗硫性能。

(8) 钻开高含硫地层的设计钻井液密度，其安全附加密度在规定的范围内(油井0.05~0.10g/cm$^3$、气井0.07~0.15g/cm$^3$)宜取上限值，或附加井底压力在规定的范围内(油井1.5~3.5MPa、气井3~5MPa)宜取上限值；储备满足需要的钻井液加重材料；井队应储备井筒容积0.5~2倍的大于在用钻井液密度0.10g/cm$^3$以上钻井液；储备足量的缓蚀剂和除硫剂；在钻开含硫地层前50m，应按钻井液pH值调至9.5以上直至完井，若用铝制钻具时pH值控制在9.5~10.5之间。

## 第二节　井场及设备布置

石油钻井作业中井场及设备布置对硫化氢防护的安全要求应包括但不仅限于以下要求：

### 一、井场布置硫化氢防护主要安全要求

井场布置应符合 SY/T 5466 的要求。井场选址应远离人口稠密的村镇，油气井井口距高压线及其他永久性设施不小于 75m；距民宅不小于 100m；距铁路、高速公路不小于 200m；距学校、医院和大型油库等人口密集性、高危性场所不小于 500m。井场周围应空旷，风能在井场前后或左右方向畅通流动；井场上应有两个以上出入口便于应急时采取抢救措施和疏散人员。

井场周围应设置两到三处临时安全区，一个位于当地季节风的上风方向处(一般为生活区方向)，其余与之成 90°~120°分布。如图 5-1 所示井场必须划设逃生路线图和紧急集合点。所有员工必须掌握应急逃生的技能。

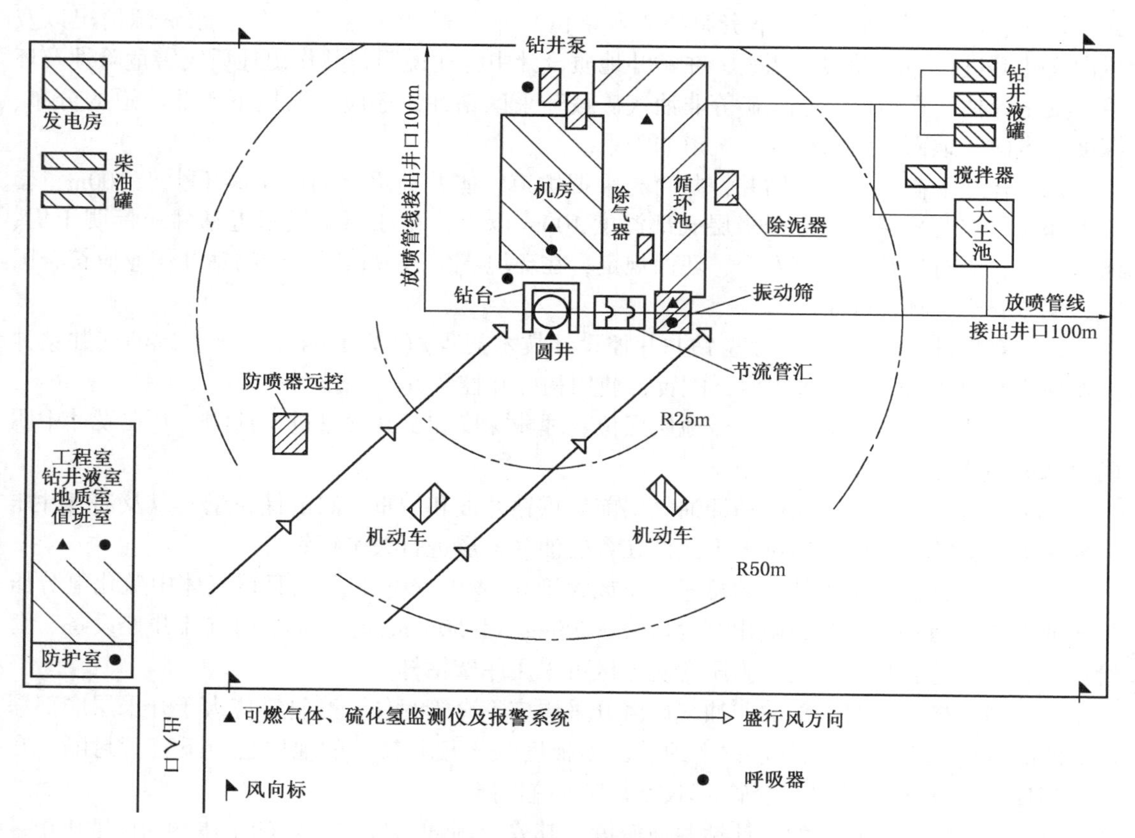


图 5-1　井场及设备布置示意图

### 二、设备布置硫化氢防护主要安全要求

(1) 钻井设备的安放位置应考虑当地的主频风向和钻开含硫油气层时的季节风风向。井场内的引擎、发电机、压缩机等易产生因货源的设施，人员集中的区域值班室、工程室、钻

井液室、气防器材室等应设置在井口、节流管汇、天然气火炬装置或放喷管线、液气分离器、钻井液罐、备用池、除气器等易排出火炬及天然气的上风方向。

(2) 井场发电房、锅炉房和储油罐的布位，以及电气设备、照明器具及输电线路的安装应按《石油天然气钻井、开发、储运防火防爆安全生产技术规程》(SY/T 5225)中的相应规定执行。井场、钻台、井架、钻台偏房、机泵房、净化系统的电气设备、照明器具、开关、按扭、配电柜(箱)必须符合防爆要求，电器开关配件齐全，保险丝符合标准，防水防爆、分闸设置基本要求：距探井、高压油气井的井口不小于30m，距低压开发井的井口不小于15m，井场照灯必须架设专线。在临时安全区、道路入口处、井架上、值班房等处安装风向指示器。风向标、强制通风设备配置使用应符合 SY/T 5087 要求。

(3) 在钻进含硫油气层前，应将机泵房、循环系统及二层台等处设置的防风护套和其他类似围布拆除。寒冷地区在冬季施工时，对保温设施可采取相应的强制通风措施，保证工作场所空气流通。测井车等辅助设备和机动车辆应尽量远离井口；未参加应急作业的车辆应撤到警戒线以外。

(4) 保持通信系统 24h 畅通，尤其是与上级调度、医院、消防部门的联系。

(5) 在可能遇有硫化氢的作业井场按要求挂置明显、清晰的警示标志：

① 绿旗：硫化氢浓度 $<15\text{mg/m}^3$ (50ppm)，井处于受控状态，存在潜在或可能的危险；

② 黄旗：硫化氢浓度 $15\text{mg/m}^3$(50ppm) ~ $30\text{mg/m}^3$(20ppm)，对生命健康有影响；

③ 红旗：硫化氢浓度大于或可能大于 $30\text{mg/m}^3$(20ppm)，对生命健康有威胁。

## 第三节　设备材质及井控设备

含有(或可能含有)硫化氢的钻井作业中，设备材质及井控设备中应采用抗硫化物应力开裂材料。

### 一、套管、油管和钻杆

(1) 用于含硫油气井的套管、油管和钻杆，其材质应符合 SY/T 0599 相关标准的规定。材质应有合格证及用户抽检报告等适用性文件。

(2) 钢材：钢的屈服极限不大于655MPa，硬度最大为HRC22。若需使用屈服极限和硬度比上述要求高的钢材，必须经适当的热处理(如调质处理等)，并在含硫化氢介质环境中试验(采用 API 5CT)，证实其具有抗硫化氢应力腐蚀开裂性能后，方可采用。

(3) 非金属材料：凡密封件选用的非金属材料，应具有在硫化氢环境中能使用而不失效的性能。

### 二、井口设备

用于硫化氢环境的井口设备按 API Spec 6A 的要求执行。

(1) 钻井设计中有关井控设备的设计、安装、固定和试压应符合 SY/T 5964 的规定。

(2) 在高含硫、高压地层和区域探井的钻井作业中，在防喷器上应安装剪切闸板，剪切闸板防喷器的压力等级、通径应与其配套的井口设备的压力等级和通径一致。

用于硫化氢环境的防喷设备的检查测试程序按照 API RP 53 相关条款执行。对环形和闸板防喷器的操作测试按 API Spec 16A 相关条款执行；用于硫化氢环境的节流管汇总成执行 API RP 53 和 SY/T 5323 相关条款。

### 三、管线

用于硫化氢环境的管材的使用应符合 SY/T 0599、SY/T 6194 及 API Spec 5D 规定。

选用规格化并经回火的管材、方钻杆用于含硫油气井作业；在没有使用特种钻井液的情况下，高强度的管材不应用于含硫化氢的作业环境，对高于 646.25MPa(95000psi)的管材(含钻杆)应淬火或回火处理。

（1）钻井液回收管线、防喷管线和放喷管线应使用经探伤合格的管材。防喷管线应采用螺纹与标准法兰连接。钻井井口和套管的连接及防喷管线、放喷管线不允许在现场焊接。

（2）放喷管线至少应接两条，布局要考虑当地季节风风向、居民区、道路、油罐区、电力线及各种设施等情况，其夹角为 90°~180°，保证当风向改变时至少有一条能安全使用；管线转弯处的弯头夹角不小于 120°；管线出口应接至距井口 100m 以外的安全地带。

（3）放喷管线出口不能正对井场附近的居民住宅，距各种设施不小于 100m，具备放喷点火的条件。

（4）压井管线至少有一条在季节风的上风方向，以便必要时连接其他设备(如压裂车、水泥车等)，作压井用。

（5）液气分离器及除气器的排气管线通径应满足要求，其出口接至距井口 50m 以外、有点火条件的安全地带。

（6）井口、放喷管线出口、液气分离器及除气器的排气管线出口，应位于可能的火源(如发电房、锅炉房等)和人员相对集中的区域(如值班房、生活区等)的下风位置。

### 四、现场井控设备及管理

（1）岗位职责明确，井控装置的管理、操作由专人负责。

（2）井控设备、井下管材和工具及其配件在储放时应注明钢级，严格分类保管并带有产品合格证和说明书，运输过程中需采取措施避免损伤。

（3）钻井设计中井控装置的设计、安装、固定和试压应符合 SY/T 5964 的规定。

（4）井控设备的大修应由专门人员完成；大修工作中应严格控制缺陷补焊，若进行了焊接、补焊、堆焊等工艺则应在其后做大于 620℃的高温回火处理，对设备修理前后作出正确的技术评定。

## 第四节　硫化氢监测及个体防护

钻井作业对硫化氢监测及个体防护的安全要求应包括但不仅限于以下要求：

（1）硫化氢易聚集的区域，如井口、循环池等处应设立毒气警告标志。

（2）作业区应配备空气呼吸器、充气泵、可燃气体监测报警仪、便携式硫化氢监测报警仪和固定式硫化氢监测报警仪，并配置防爆排气扇。

（3）值班干部、当班司钻、副司钻和“坐岗”人员应佩戴便携式硫化氢监测报警仪；固定式硫化氢监测报警仪应在司钻或操作员位置、方井、振动筛、井场工作室等地方设置声光报警式探头，并配置防爆排气扇。

(4) 硫化氢防护器具应存放在清洁卫生和便于快速取用的地方，并对其采取防损坏、防污染、防灰尘和防高温的保护措施。

(5) 钻井队应按产品说明书检查和保养硫化氢监测仪器、防护器具，保证其处于良好的备用状态；建立使用台账，按时送往具有资质的检验单位检验。

(6) 硫化氢监测报警仪设置

① 第一级报警值：应设置在阈限值[硫化氢含量 $15mg/m^3$(10ppm)]，达到此浓度时启动报警，提示现场作业人员硫化氢的浓度超过阈限值；

② 第二级报警值：应设置在安全临界浓度[硫化氢含量 $30mg/m^3$(20ppm)]，达到此浓度时，现场作业人员应佩戴正压式空气呼吸器；

③ 第三级报警值：应设置在危险临界浓度[硫化氢含量 $150mg/m^3$(100ppm)]，报警信号应与二级报警信号有明显区别，警示立即组织现场人员撤离。

(7) 作业班除进行常规防喷演习外，还应佩戴硫化氢防护器具进行防喷演习；防护器具每次使用后应对其所有部件的完好性和安全性进行检查；在硫化氢环境中使用过的防护器具还应进行全面的清洁和消毒工作。

(8) 进入含硫油气层后，每天白班开始工作前应检查下述项目：

① 指定的临时安全区是否在风向指示器指示的上风方向；

② 硫化氢监测报警仪的功能是否正常；含硫地区钻井液的 pH 控制在 9.5 以上；加强对钻井液中硫化氢浓度测量，发挥除硫剂和除气器作用，保持钻井液中硫化氢浓度含量在 $50mg/m^3$ 以下；

③ 硫化氢防护器具的存放位置、数量和相关参数是否符合规定；

④ 消防设备的布置；

⑤ 急救药箱和氧气瓶。

(9) 若遇硫化氢溢出地面(嗅到较浓的臭鸡蛋气味)而身边又无防护器具时，可用湿毛巾或湿衣物等捂住口鼻，迅速离开危险区域。

(10) 钻开含硫油气层前和在含硫油气层中钻进，应及时向当地政府通报井上的井控安全情况。

(11) 根据井场安全状态，按《含硫化氢油气井安全钻井推荐作法》(SY/T 5087)中的要求分别挂出绿、黄、红牌；当空气中硫化氢浓度超过安全临界浓度时，关闭井场入口处的大门，并派人巡逻，同时挂出写有“危险！硫化氢——硫化氢”字样的危险警告标牌。

(12) 硫化氢与空气混合后浓度达到 4.3%~46%、天然气与空气混合后浓度达到 5%~15%时都将形成一种遇火产生爆炸的混合物，应采取如下防范措施：

① 柴油机排气管无破漏和积炭，并有冷却防火装置，出口与井口相距 15m 以上，不朝向油罐；

② 在钻台上下、振动筛等硫化氢易聚积的地方应安装防爆通风设备，以驱散工作场所弥漫的硫化氢；

③ 严格控制井场内动火，若需动火，应按《石油工业动火作业安全规程》(SY/T 5858)中的相应规定执行；

④ 进入井场的车辆应距井口至少 25m 远，排气管要加装防火罩。

(13) 钻井队在实施井控作业中放喷时，通过放喷管线放出的含硫油气应点火烧掉。

(14) 放喷点火可用固定点火装置或移动点火器具点火。若使用移动点火器具点火，点火人员应佩戴防护器具，并在上风方向距离火口 10m 外点火。

（15）井喷失控处理和点火程序执行 SY/T 6426。

（16）海上含硫油气井作业时，应执行《海洋石油作业硫化氢防护安全要求》及 SY/T 5087 标准；应急预案的内容相应予以增加。

# 第五节　钻井作业基本的安全管理要求

## 一、人员资质及相关要求

（1）从事钻井作业的所有人员取得下列资质：

① 钻井队应持有天然气井工程施工资质，并建立甲方安全主管部门认可的 HSE 管理体系。

② 从事钻井、录井的直接作业人员、工程技术管理人员、现场监督人员、设计人员、安全管理人员以及各级主管领导应接受井控技术培训，并取得“井控操作证”。

③ 凡在可能含有硫化氢场所工作的人员均应接受硫化氢防护培训，并取得“硫化氢防护技术培训证书”。明确硫化氢的特性及其危害，明确硫化氢存在的地区应采取的安全措施以及推荐的急救程序，并持有主管部门认可的 HSE 培训合格证。

（2）对井队工作人员进行现有防护设备的使用训练和防硫化氢演习。使每个人做到非常熟练地使用防护设备，达到在没有灯光的条件下在 30s 内正确佩戴正压式空气呼吸器。

（3）在进入怀疑有硫化氢存在的地区前，应先进行检测，以确定其是否存在及其浓度。检测时要佩戴正压式空气呼吸器。

（4）当准备在一个被告有硫化氢可能存在的环境中工作时，作业人员必须对危险情况有全面的思想准备。可以提前准备一个对付紧急情况，及时逃生的方案。例如工作中经常观察风向，最佳逃生通道，报警器的位置，有效呼吸器的存放位置等。

（5）井队工人应相互密切关注。可能的话，应两人结对工作，以互相照应。同时应为在可能存在硫化氢地区内工作的工人身边准备一些防护设施。

（6）所有工作人员应明确自身应急程序：如果发生硫化氢泄漏，必须做到：

① 离开此地；

② 打开警报器；

③ 戴上空气呼吸器；

④ 抢救中毒者；

⑤ 使中毒者苏醒；

⑥ 争取医疗救援。

（7）没有戴上合适的正压式空气呼吸器，切记不要进入硫化氢可能积聚的封闭地区。而且，只要离开安全区超过一胳膊远的距离，就应戴上有救生绳的安全带。而救生绳的另一端由安全区的人抓着，以便发生意外时，将其拉出危险区。

（8）在钻井液录井过程中若发现硫化氢显示时，应及时向钻井监督报告。如果硫化氢浓度超标，应及时发出报警信号，如果在海上应通知守护船停靠在上风方向待命。

（9）在硫化氢地层取芯时，当取芯筒起出地面之前至少 10 立柱时，以及从岩芯筒取出岩芯时，操作人员要戴好空气呼吸器。运送含硫化氢岩芯时应密封好，并写明岩芯含硫化氢字样。

(10) 钻井队在钻遇含硫化氢地层后，起钻要使用钻杆刮泥器，必要时工作人员要佩戴空气呼吸器。

(11) 日常检查

① 已经或可能出现硫化氢的工作场地。

② 风向标。

③ 硫化氢检测设备及警报。

④ 人员保护呼吸设备的安置。

⑤ 消防设备的布置。

⑥ 急救药箱和氧气瓶。

## 二、应急演习具体要求

在含硫油气井钻井作业前，应与钻井各级单位制定各级防硫化氢应急预案；钻井各方人员都应掌握应急预案的相关内容。应急预案应考虑硫化氢与二氧化硫浓度可能产生危害的严重程度和影响区域；还应考虑硫化氢和二氧化硫的扩散特性。应将防硫化氢应急预案等应急预案和防护措施报送当地政府备案，协商确定应急行动相关事项，取得当地政府的支持与配合。

(1) 当硫化氢监测报警仪发出警报时，应采取下列步骤：

① 作业人员戴上空气呼吸器，然后按应急预案采取必要的措施；

② 通风设备工况良好，并且所有明火都应熄灭；

③ 保证至少两人在一起工作，防止任何人单独出入硫化氢污染区；

④ 不必要的人员应迅速离开现场，等待指示；

⑤ 封锁井场大门，并派人巡逻，在大门口插上红旗，警告钻机附近极度危险。

(2) 发出硫化氢情况解除信号后，参加演习的人员应做下列检查：

① 检查空气呼吸器软管、面罩等，并判断可能出现的故障，进行必要的整改；

② 给空气瓶充足气，以供下次使用；

③ 将空气呼吸器放回原处；

④ 检查硫化氢监测报警仪，发现故障及时整改；

⑤ 汇报各种硫化氢监测设备、防护器具等有无破损情况。

(3) 作好硫化氢防护演习记录，记录内容应包括：

① 日期；

② 参加演习的作业班及人数；

③ 演习内容的简单描述；

④ 天气情况；

⑤ 讲评情况；

⑥ 注明队员的不规范操作和设备的故障。

(4) 演习结束后，对硫化氢应急预案进行讨论、完善。

海上含硫油气井作业时，应执行《海洋石油作业硫化氢防护安全要求》及 SY/T 5087；应急预案的内容(人员培训、救护、监测、逃生、撤离等)相应予以增加。

## 三、钻遇硫化氢的处理

现场把钻遇硫化氢气层的几个主要显示概括为：钻井液密度下降，黏度升高，气泡多；钻进时发生蹩跳，钻速快或放空，泵压下降，钻井液池液面升高，有间歇井涌，有硫化氢气味；起钻时钻井液是满的，下钻时钻井液不断外流。

在钻井过程中对硫化氢污染的处理有以下几种方法：

（1）合理的钻具结构　75%的井喷发生在起钻时的不正确操作。合理的钻具结构对于控制井喷起着关键性的作用。在钻井或修井过程中的任何工况下钻具下部都应装有回压阀，在含硫浓度比较高的井甚至可以考虑装钻具回压反尔和投入式止回阀双止回阀。例如重庆开县罗家16H井的12. 23硫化氢中毒事故，钻具结构不合理，钻具下部没有装回压阀是其中的原因之一。

（2）压差法　钻井过程中遇到硫化氢气体的最好措施是有足够的静压头以防止硫化氢气体进入井内，这样处理最安全、最经济。对于含硫产层，安全余量可增大到0. 2g/cm$^3$，以较大的井底压差阻止硫化氢气体进入井内。在高含硫地区即将钻入油气层和在油气层中钻进时，要严格执行高压油气层井控技术措施和有关规定。做到及时发现溢流早期显示，迅速控制井口。尽快调整钻井液密度充分发挥钻井液除气器和除硫剂的功能，及时将随岩屑进入井内的硫化氢从钻井液中除去。保持钻井液中硫化氢含量在50mg/m$^3$ 以下。在含硫化氢气层或经过含硫化氢气层进行起下钻作业时，必须使用短程起下钻，以监测井底压力。

（3）油基钻井液　增大井底压差虽然可以防止地层中的硫化氢气体侵入井内，但是不能阻止随破碎岩石的钻屑、气体产生重力置换和通过井壁泥饼向井内扩散的硫化氢气体进入井内。硫化氢气体与水混合时，腐蚀性极大，易在金属表面产生点蚀及硫化氢应力腐蚀破裂和氢脆。在250℃以下，干燥的硫化氢几乎无腐蚀，所以碰到这些气体时，一般使用油基钻井液。在硫化氢气体进入井筒时，油基钻井液将大量吸收这类气体。因为在井底进入井内的气体，不至于大到在井底压力条件下达到饱和程度，所以这些气体将进入油基钻井液的液相溶液中，而不是形成自由气泡。硫化氢气体在井筒中上升至相当高度时，仍然溶解于洗井液中，直到压力减小到相当低时，它们才从油基钻井液中分离出来。这样可以降低硫化氢对钻杆、套管及下井工具的应力腐蚀和氢脆破坏。

（4）清除钻井液或修井液中硫化氢的方法

① 维持一定的pH值，加成膜防腐蚀剂

当钻井液受硫化氢气体污染时，维持pH值大于9才能得到保护。这是因为硫化氢与钻井液中的苛性钠起作用而形成碱性盐即硫化钠与水

$$H_2S+NaOH \rightleftharpoons NaHS+H_2O$$

$$NaHS+NaOH \rightleftharpoons Na_2S+H_2O$$

随着pH值的增加，以硫化氢表示的含硫百分数即降低到一个很低的水平，当pH值为9时，可降至0. 6%。值得注意的是这种反应是可逆的，也就是当硫化氢用苛性钠处理后，一部分硫化氢变成硫化钠而溶于钻井液的水里是无害的。加进去的苛性钠越多即有更多的硫化氢变成硫化钠。然而，如果苛性钠是不连续地添加或者遇到了更多的硫化氢，硫化钠就会从溶液里脱出成为危险的硫化氢气体。如果pH值降低，越来越多的硫化氢将从溶液里脱出。当遇到了硫化氢，就得强制性地保持钻井液的高pH值。

成膜防腐蚀剂(例如扣特415)不能阻止硫化氢造成氢脆，但可延缓钻杆损坏的时间。控制pH值和使用成膜防腐蚀剂两种措施，既可单独使用，也可联合使用，尽管不是万无一失，但都可有效地防止硫化氢的严重腐蚀。这两种措施最好与硫化物清除剂结合使用。

② 海绵铁

海绵铁是一种人造的多孔的铁的氧化物，与硫化氢的反应为

$$Fe_3O_4+6H_2S═══3FeS_2+4H_2O+2H_2$$

海绵铁一般用做预处理措施，以便减轻含大量硫化氢钻井液对钻具和人员健康的威胁。海绵铁无显著磁性，不会吸附在钻杆或套管上。

③ 碱式碳酸锌

碱式碳酸锌因生成的硫化锌具有不可溶解性和不影响钻井液性能而成为一种好的清硫剂。硫化锌不会附着在下井管柱和下井工具表面上而像铜的化合物那样引起电流激励腐蚀问题，硫化锌非常稳定，即使在pH值下降至3.5的情况下也不会生成硫离子。这种处理剂在我国的四川含硫气田使用比较广泛。在清洗含硫化铁的容器或管道时也可加入一定量的碱式碳酸锌，防止硫化氢气体浓度超标而危害工作人员的身体健康和设备安全。

④ 铬酸盐

为了消除淡水或咸水中硫化物污染，可用铬酸钠或铬酸钾处理。铬酸盐确实能有效地消除硫化物污染，但低度的铬酸根离子可造成点蚀，应该避免。铬酸盐也能影响钻井液的流动性，只有在清液中用它除硫化物才是比较安全的。

⑤ 碱式碳酸铜

用碱式碳酸铜来沉淀硫化物，生成硫化铜。硫化铜是具有隋性且不溶解的硫化物，但是铜的硫化物易引起电流激励腐蚀。

⑥ 氢氧化铵或过氧化氢

氢氧化铵或过氧化氢作为一种应急的确保人员安全的清硫剂，处理硫化氢的方法是在出口管处加35%的氢氧化铵或过氧化氢，溶解的硫化物被氧化。

## 第六节　含硫油气井钻井作业程序

### 一、钻开含硫油气层前的准备工作

(1) 在含硫化氢区域或新探区钻井施工，钻井队应配备正压式空气呼吸器15套；充气机1台，大功率报警器1套，备用气瓶不少于5个；按一个班次实际人数配备便携式硫化氢检测仪；配备固定式硫化氢检测报警器1台，探头应分别安装在钻台上、钻台下圆井、振动筛、井液罐处和房区。

在含硫化氢区域或新探区钻井作业，应建立该井应急预案，并报当地县、乡政府审查或备案。

向全队职工及协作单位人员进行地质、工程、钻井液、井控装备、井控措施和安全等方面的技术交底，对含硫油气层及时做出地质预报，建立预警预报制度。

(2) 钻井液密度及其他性能符合设计要求，并按设计要求储备压井液、加重剂、堵漏材料和其他处理剂。

(3) 检查各种钻井设备、仪器仪表、防护设备、消防器材及专用工具等是否配备齐全；检查所有井控装置、电路和气路的安装是否符合规定、功能是否正常，发现问题应及时整改。

(4) 钻开油气层前对全套井控装备进行一次试压(包括井口附近套管)。

(5) 在进入油气层前50~100m，按照下步钻井设计最高钻井液密度值，对裸眼地层进行承压能力检验。

(6) 在含硫化氢区域或新探区钻井作业，钻至油气层前100m，应将可能钻遇硫化氢层位的时间及危害、安全事项、撤离程序等告知3km范围内人员。

(7) 在进入含硫油气层前50m，将钻井液的pH值调整到9.5~11之间，直至完井；若采用铝合金钻具时，pH值控制在9.5~10.5之间。

(8) 落实溢流监测岗位、关井操作岗位和钻井队干部24h值班制度。

(9) 进行班组防喷、防火、防硫化氢硫化氢演习，并达到规定要求。

## 二、钻开含硫油气层前的检查

钻开含硫油气层前的检查中，应对井场的井控装置、硫化氢防护设施、措施(含应急预案及演练等)加重钻井液储量等进行安全评估，未达到要求的不准钻开含硫油气层。

### 1. 管材和工具使用安全检查

(1) 管材使用符合SY/T 0599、SY/T 6194和API Spec 5Dg规定材料；

(2) 方钻杆旋塞阀、钻具止回阀和旁通阀的安装按《含硫油气井钻井井控装备配套、安装和使用规范》(SY/T 6616)中相应规定执行。

(3) 钢材，尤其是钻杆，其使用拉应力需控制在钢材屈服强度的60%以下。

### 2. 钻井液技术检测

(1) 施工中若发现设计钻井液密度值与实际情况不相符合时，应按审批程序及时申报，经批准后才能修改。但不包括下列情况：

① 发现地层压力异常时；

② 发现溢流、井涌、井漏时。

若出现上述异常情况，应采取相应措施，同时向有关部门汇报。

(2) 发生卡钻，须泡油、混油或因其他原因需适当调整钻井液密度时，井筒液柱压力不应小于裸眼段中的最高地层压力。

(3) 发现气侵应及时排除，气侵钻井液未经排气、除气不得重新注入井内。

(4) 若需对气侵钻井液加重，应在停止钻进的情况下进行，严禁边钻进边加重。

## 三、钻进操作

(1) 含硫油气层钻进中，若因检修设备需短时间(小于30min)停止作业时，井口和循环系统观察溢流的岗位不能离人；若因检修设备需较长时间(大于30min)停止作业时，应坐好钻具，关闭半封闸板防喷器，井口和循环系统仍需坐岗观察，同时采取可行措施防止卡钻(或事先将钻具起至安全井段或套管鞋内，或在原位置定期活动钻具)。

(2) 停止钻井液循环进行其他作业期间，以及其后重新循环钻井液过程中，钻台和循环系统上的作业人员要注意防范因油(气)侵而进入钻井液中的硫化氢。

## 四、起下钻操作

（1）含硫油气层钻开后，每次起钻前都应进行短程起下钻，短程起下钻后的循环钻井液观察时间应达到一周半以上，进出口钻井液密度差不得超过 0.02g/cm³；若循环后效果严重不具备起钻条件，则应调整钻井液密度，使之具备起钻条件。

（2）含硫油气层的水平井段钻进中，每次起钻前循环钻井液的时间不得少于 2 周。

（3）发生卡钻，需泡油、混油或因其他原因需适当调整钻井液密度时，井筒液柱压力不应小于裸眼段中的最高地层压力。

（4）钻头在油气层中和油气层顶部以上 300m 长左右的井段内，起钻速度不得超过 0.5m/s；起钻中每起出 3 柱钻杆或 1 柱钻铤应及时向井内灌满钻井液，并作好记录、校核地面钻井液总量，发现异常情况及时报告司钻。

（5）起完钻要及时下钻，检修设备时应保持井内有一定数量的钻具，并观察出口管钻井液返出情况。

（6）含硫油气层钻开后的每次下钻到底循环钻井液过程中，钻台及循环系统上的工作人员要注意监测空气中硫化氢浓度，直到井底钻井液完全返出。

## 五、取芯

（1）在含硫化氢地层中取芯，当岩芯筒到达地面以前至少 10 个立柱时，应戴上正压式空气呼吸器。

（2）当岩芯筒已经打开或当岩芯已移走后，应使用便携式硫化氢监测报警仪检查岩芯筒。在确定大气中硫化氢浓度低于安全临界浓度之前，作业人员应继续使用正压式空气呼吸器。

## 六、电测

（1）遇有硫化氢或其他有毒、有害气体特殊测井作业时，应按 SY/T 6504 的规定执行，制定出测井方案，待批准后可进行测井作业。

（2）经硫化氢防护培训合格的人员才能参与作业。实施有硫化氢或其他有毒、有害气体测井作业的主要人员数量应保持最低，作业过程中应使用硫化氢检测设备监测大气情况。正压式空气呼吸器应放在主要工作人员能迅速而方便取得的地方。

（3）在开始作业前，应召开钻井及相关方工作人员参加的特殊安全会议，特别强调使用气防用具、急救程序、应急反应程序。

（4）电测作业的生产准备、设备、井下仪器的吊装，储源箱、雷管保险箱、射空弹保险箱的吊装均应执行 SY/T 5726 标准。

（5）电测前井内情况应正常、稳定。若电测时间长，应考虑中途通井循环再电测，做好井控防喷工作。

（6）应在保证人员安全的条件下，排放和（或）燃烧所有产生的气体。对来自储存的测试液中的气体，也应安全地排放。

在处理已知或怀疑有硫化氢地层的液体样品过程中，人员应保持警惕。处理和运输含硫化氢的样品时，应采取预防措施。样品容器应使用抗硫化氢的材料制成，并附上标签。

(7) 电测作业现场施工安全要求、安全设施和护品、放射源管理、爆炸物品管理等执行SY/T 5726标准。

(8) 海上含硫油气井作业时，应执行《海洋石油作业硫化氢防护安全要求》及SY/T 5087；应急预案的内容相应予以增加。

## 七、中途测试

(1) 中途测试和先期完成井，在进行作业以前观察一个作业期时间；起、下钻杆或油管应在井口装置符合安装、试压要求的前提下进行。

(2) 在含硫地层中，一般情况下不宜使用常规式中途测试工具进行地层测试工作，若需进行时，应减少钻柱在硫化氢环境中的浸泡时间，并采取相应的严格措施。

(3) 地面测试流程应全部采用抗硫材料，测试管线严禁现场焊接：至少安装一条应急放喷管线。

(4) 一旦发生下列紧急情况，应立即终止放喷测试：

① 风向变化危及放喷测试时；

② 放喷出口处出现长明火熄灭，而又不能及时重新点燃时；

③ 放喷测试管线出现险情危及施工安全时。

(5) 应在保证人员安全的条件下，排放和(或)燃烧所有产生的气体。对来自储存的测试液中的气体，也应安全地排放。

(6) 处理和运输含硫化氢的样品时，应采取预防措施。样品容器应使用抗硫化氢的材料制成并附上标签。

## 八、固井

(1) 下套管前，应换装与套管尺寸相同的防喷器闸板；固井全过程(起钻、下套管、固井)应保证井内压力平衡，尤其要防止注水泥候凝期间因水泥失重造成井内压力平衡的破坏，甚至井喷。

(2) 含硫化氢、$CO_2$等有毒有害气体和高压气井的油层套管、有毒有害气体含量较高的复杂井的技术套管，其固井水泥应返到地面。

## 九、溢流处理

(1) 起下钻中发生溢流，应尽快抢接钻具止回阀或旋塞。只要条件允许，控制溢流量在允许范围内，尽可能多下一些钻具，然后关井。

(2) 电测时发生溢流，应尽快起出井内电缆。若溢流量将超过规定值，则立即切断电缆按空井溢流处理，不允许用关闭环形防喷器的方法继续起电缆。

(3) 任何情况下关井，其最大允许关井套压不得超过井口装置额定工作压力、套管抗内压强度的80%、薄弱地层破裂压力所允许关井套压三者中的最小值。在允许关井套压内严禁放喷。

(4) 若关井中井口套压将高于最大允许关井套压时，应及时向上级主管部门请示处理措施。

钻井队在实施井控作业中放喷时，应做如下工作：

① 停止动力机工作，停止向井场供电；

② 组织非当班人员在各路口设立警戒；

应及时向上级主管部门请示处理措施；

③ 卡牢方钻杆死卡，并用 7/8in 钢丝绳绷紧(1in = 0.0254m)；

④ 接好消防水管线并正对井口，接好通向井口四通的注水管线(注意带单向阀)。

(5) 发生溢流后应尽快组织压井；在处理溢流的循环压井过程中，注意防范钻井液中所含硫化氢，宜经液气分离器循环钻井液。

# 第六章　井下作业硫化氢防护

## 第一节　上修前技术交底与井史、井场调查

含有(或怀疑含有)有毒有害气体的油(气)井，在上修前必须做好充分的技术交底和井史、井场调查，对曾经测得的有毒有害气体含量、油层生产数据、井场周围环境等进行详细的了解，根据掌握的具体情况制定单井应急预案。

### 一、上修前的技术交底

含有(或怀疑含有)有毒有害气体的油(气)井，在上修前应组织召开由公司安全管理部门、井控管理部门、设计管理和工艺技术管理部门、作业大队、作业队和甲方、相关方等人员共同参加的技术交底会，并对以下各项资料进行交底：

(1) 套管数据：包括套管规格、壁厚、下入深度和套管完好情况等。

(2) 油层数据：包括各油层深度、压力、渗透率、声波时差和含有(或怀疑含有)有毒有害气体的油层等。

(3) 钻井数据：包括钻井液性能、性质、密度、漏斗黏度、电阻率、原始地层压力、原油黏度、出砂指数等基础数据。

(4) 管柱数据：包括目前井筒内生产管柱数据、井内封层管柱的数据及各管柱下入时间等。

(5) 施下目的：包括本次上修的所有施工工艺。

(6) 其他数据：该井历次测得有毒有害气体的最高含量和各汕层的原油物性等。

### 二、对施工井的情况调查

1. 井史调查

(1) 历次施工情况：包括了历次施工工艺、施工中有毒有害气体监测情况等。

(2) 目前生产情况：包括该井正常生产时的产量、油压、套压和生产过程中有毒有害气体的产出情况等。

2. 井场调查

(1) 对待上修井的有毒有害气体含量进行检测并记录。

(2) 井口方圆 50m 内地理情况、井口装置情况等。

(3) 井口方圆 100m 内的建筑物情况、住户情况及联系方式。

(4) 该井方圆 3km 内的居民的情况、隶属政府及联系方式。

3. 其他调查

(1) 本次施工工艺所要使用的各种用料情况。

(2) 近期内的施工现场的天气情况，包括风向、晴雨天气等。

(3) 目前本单位的有毒有害气体检测和防护设备情况。

# 第二节　施工方案与应急预案

## 一、施工方案的编制

1. 对地质设计和工艺设计的审查

根据地质设计和工艺设计的施工目的，对其相关的施工工序及要求进行审查。对存在的井控和有毒有害气体防护隐患，及时与甲方有关部门及人员协商，进行设计工序的修改或增加有关防范措施和工序；对存在重大安全隐患的设计可暂缓上修，待甲乙双方协调好有关井控和有毒有害气体防护措施并落实后，方可上修。

2. 作业施工设计

（1）作业施工的地质设计、工程设计和施工设计应有井控与防硫化氢内容，还要提供相关地质资料按规定审批。

（2）工程设计和施工设计应根据地质设计、作业简史资料及要求编制。所有设计均应按规定程序审批、签字；变更设计应由原设计单位按程序进行，并出具设计变更单通知施工队伍执行。

（3）进场设备就位与安装应符合有关规定，井场道路布置应能满足突发情况下人员和设备撤离的需要。

（4）作业施工设计的每道施工工序都要附相应的井控措施、有毒有害气体防护措施及责任人，针对施工井的具体情况和重要工序还要制定具体的要求。

（5）井下作业应按设计要求安装井控装置。井控装置与地面流程的选用、安装与试压应符合相关规定。

（6）射孔方式的选择应满足井控和防硫化氢的要求。

（7）在含硫化氢区域进行井下作业（试油）施工，应按规定配备气防设施。

（8）射孔作业前，射孔队应与作业队结合，掌握含硫化氢层位、井段、浓度以及压井情况和气防设施布置情况。射孔、测试开井以及放喷求产前，作业队应向施工人员进行地质设计、工程设计以及应急预案交底。

（9）井下作业施工中，应有专人观察井口，确保液面保持在井口部位；在含硫化氢油气井施工，应有干部跟班作业。

（10）高压油气井停止施工时，应装好悬挂器，装好防喷闸门并关闭防喷器。

（11）在含硫化氢气井射孔时，应制定应急预案，并报当地县、乡政府审查或备案。同时将硫化氢气体及其危害、安全事项、撤离程序等，告知3km范围内人员。

## 二、单井应急预案的编制

根据已掌握的具体情况编制本井的单井应急预案，所包括的内容如下：

（1）井场情况：包括井场的布置、安全通道的设置、放喷管线的连接、井场附近常住人员的联系方式、就近医疗、消防部门的联系方式和当地政府的联系方式，并附井场布置图。

（2）紧急情况下的应急操作规程：包括所有施工工序下发生紧急情况时，正确的应急操作规程和逐级上报要求。

（3）发现有毒有害气体后各级预警浓度、各级报警方式、上报要求、应急范围以及应急措施等。

(4) 现场失控情况下的人员安全撤离要求，现场情况上报内容和对象要求，以及抢险队伍到达前的前期处理措施等。

(5) 现场出现人员中毒后，其他人员的紧急防护措施和对中毒人员的救助措施。

## 第三节　上修后开工前的井控及有毒有害气体的防护准备

### 一、井场布置

(1) 值班房停放在距离井口不少于30m的当前季节风的上风方向。

(2) 修井油管及工具等应摆放在风向的上风处。

(3) 修井液池要处在下风位置。

(4) 井场上一般设置2~3处安全保护区：一个在盛行风向上风处(一般为生活区方向)；另两个呈120°分布。

(5) 压井管线至少有1条在季节风的上风向，以便必要时放置其他设备(压裂车等)作压井

(6) 放喷管线应装2条，并接出井场50m以外；两条管线夹角不小于90°，以保证风向改变时至少有1条能安全使用。

(7) 井架上和安全保护区都要安装“风飘带”或风向标，以随时提供现场风向。

(8) 宜为现场设计所有通道，以便一旦出现硫化氢或二氧化硫的紧急情况，可以在预定的地方设置路障。还宜有一条备用通道，以便风向改变时不会影响从现场撤离。

当硫化氢的大气浓度可能会超过15mg/m$^3$(10ppm)时，所有入口都应遵循安置警示牌的规定设置适当的警示牌(黄底黑字或相当)，以便提示可能存在危害情况；若使用警示旗或警示灯，应符合SY/T 6610规定。

(9) 井口附近、井口、泥浆筛附近、修井液池附近以及其他可能聚集有毒有害气体的地都要装有固定式检测仪的监测探头，随时监测有毒有害气体的浓度。

### 二、防护准备

(1) 井场应保持空气流通。如当时天气无风，应使用大排量排风扇或鼓风机强制实施空气流通，但不得朝向人员或值班房方向。

(2) 修井机设备及井场布置、防喷器、井控管汇等，要按要求进行安装、固定和试压。

(3) 工作人员应养成随时转移到上风口方向的工作习惯。

(4) 修井井口和套管连接，以及每条放喷管线的高压区都不允许焊接。

(5) 井控设备(和管材)在安装、使用前应进行无损探伤。

(6) 施工现场应配备便携式气体检测仪2台以上，配备固定式气体监测仪1台。

(7) 施工现场应配备正压式空气呼吸器，数量不少于当前施工人员数量的1.5倍，气瓶压力应不低于25MPa。

(8) 施工人员每次接班后，应进行一次紧急情况下的应急操作演练和人员紧急撤离的演练，确保施工人员能够熟练地进行应急操作和按照正确的方向、以正确的方式进行撤离。

（9）对当地住户和其他常住人员进行有毒有害气体防护知识教育，保证他们在紧急情况下能够正确、迅速地组织撤离。

（10）在井场两侧均要装有气体引燃管线，并设有遥控点火装置。

## 第四节　施工中的井控及有毒有害气体的防护要求

### 一、工作人员安全防护要求

1. 作业施工人员的安全防护

（1）生活区应配备以下装置：硫化氢气体检测仪、急救装置、氧气瓶、灭火器材、无线电通信设备等。

（2）井场上每个施工人员均应配备正压式空气呼吸器，并放置于每个人易取放的地方。

（3）在井口附近应配有35%的双氧水，防止硫化氢气体溢出伤害工作人员。

（4）试油、修井及井下作业过程中至少应配备4台便携式硫化氢监测仪。井口人员施工时应随身携带便携式硫化氢气体检测仪，随时监控井口有毒有害气体的浓度，在出现异常情况时及时报警并采取相应的措施。

（5）在含硫化氢油气井试井作业，应选用抗硫化氢工具、井口与作业车应配备1台硫化氢连续监测仪；

（6）在含硫油气生产井施井作业时，如果井口硫化氢浓度大于30mg/m$^3$(20ppm)时，施工人员应佩戴空气呼吸器，1人关闭清蜡闸门并剪断钢丝(电缆)，1人在旁监控协助。

含硫化氢井洗井作业时，在地层修井液循环至地面15min以前，施工人员应带上防毒面具，直到其含量少于允许值。

（7）硫化氢易聚集的区域应设立毒气警告标志，要害地区设立禁止烟火标志。

（8）制定应急计划，所有人员应经过严格培训和进行紧急情况下的演习。

（9）在修井作业中坚持近平衡修井法，采用低黏度修井液，保持井底压力略大于地层压力，避免井喷或先漏后喷。起油管速度不能太快，要保证一定的环空间隙，避免产生抽汲作用将地层流体抽入井内。起油管时应及时按要求灌入修井液，保持压力平衡，减少地层流体侵入。

（10）修井中发现硫化氢浓度达到安全临界浓度，应暂时停止修井，循环修井液，准备好有关措施。

（11）搞好防硫化氢的安全培训，提高职工的自我防护能力和互救能力。当空气中的硫化氢含量达到安全临界浓度时，有关人员迅速戴上正压式呼吸器，非工作人员撤离到安全区。

（12）使用适合含硫化氢地层的修井液，应保持pH值>9.0以上。

（13）在现场应使用适量的净化剂、添加剂、防腐蚀剂储备，尽量清除修井液中的硫化氢保护金属器材。

（14）在含硫化氢井修井时，应加强工作区的检测；发现溢流信号，及时采取正确措施，保证井的安全。

（15）修遇含硫化氢的井时，在起修井管柱时应使用高压自封；若将湿修井管柱按要求堆放在井场，必要时应佩戴正压式呼吸器。

2. 后勤辅助人员及其他非生产人员的安全防护

(1) 后勤辅助人员进入现场前必须学习有毒有害气体防护的有关知识，以保证在突发情况下能够实现自我保护。

(2) 进入现场的后勤辅助人员必须听从现场施工人员的安排，不得擅自进入有毒有害气体可能聚集的区域。

(3) 需要与作业施工人员配合在井口附近进行施工的后勤辅助人员，应当配备便携式气体检测仪，随时监测有毒有害气体的浓度。

(4) 如需要在有毒有害气体浓度较低的环境下进行施工，所有施工人员必须佩戴正压式空气呼吸器，并在气瓶气体用完前退出含有毒有害气体的环境。

(5) 其他非生产人员一律严禁进入作业施工现场。

## 二、井控装置要求

1. 试气、作业的井控装置

试气、作业的井控装置包括：井口装置(油管头、采气树、变径法兰)、防喷装置(闸板防喷器、内防喷工具(球阀、旋塞阀、回压凡尔、止回阀)、高压防喷管、测试控制头、地面流程。

2. 试气、作业对井控的要求

试气、作业应明确井控岗位责任制，并有专人负责井控管理工作。井控防喷工作要在确保施工安全的前提下，充分考虑保护油气层的要求。

防喷器组应具有一个半封和一个全封的双闸板，井内管柱若是两种直径油管时，应安装两个半封和一个全封的三闸板防喷器，防喷器应有远程液压控制和手动控制能力。

钻台上应配备处于开启位置的球阀(包括旋塞阀)，底部连接丝扣与正在使用的井内管柱相适配，放在钻台上易于拿到的地方。当起下两种以上的管柱时，对正在操作的每种管柱，均应有一个可供使用的球阀；冲砂、冲作业液管柱顶部应联结球阀。

变径法兰、油管头、防喷器通径应大于试气作业中下入工具的最大外径，油管悬挂器外径应小于防喷器通径。

预测井口关井压力≥70MPa 的气井，采气树 1 号总阀应采用液动平板阀；产出气的 $H_2S$ 含量大于 $50mg/m^3$ 时，应选择对应高抗硫级别的油管头、采气树。

为保证各施工工序的井控安全，防喷装置应按要求组装后进行整体试压。对送至生产现场的防喷装置各部件应灵活好用，并附有试压卡片，施工单位应按清单逐项验收、签字。对无试压卡片的防喷装置，施工单位不得使用。同时做好防喷装置定期维修、保养工作，除采油、气树外，施工单位不准随意拆装。

井控装置、井口装置安装好后清水试压应达到预测井口关井压力 1.5 倍以上，但不能超过额定工作压力和套管抗内压强度的 80%。试压过程中操作人员和观察人员应处于安全位置。酸压、酸化、压裂施工中，采气树应采用钢丝绳绷紧固定。

需要进行放喷作业的气井，应安装放喷地面流程，放喷管线至少应装 2 条，其夹角为 90°或 180°，并接出井场 100m 以外，以保证风向改变时，至少有一条能安全使用，出口管线及配件设备应防硫(因条件所限，不具备防硫性能部分要有明显标记，并定期检查)；需进行循环压井回收压井液的气井，应安装压井节流流程，压井管线至少有一条在盛行风的上风方向，以便必要时放置其他设备。同时要求：

(1) 在硫化氢分压大于0.3kPa时，除蒸汽发生器(锅炉)外的地面流程部件应具有抗$H_2S$能力。

(2) 当预测关井井口压力大于45MPa或超过油层套管(或未回接的技术套管)抗内压强度的80%时，油管头应安装安全阀和泄压放喷流程，泄压管线接至放喷口。

(3) 地面流程全部采用钢质管材连接，尽量少用弯头。当井口关井压力不小于45MPa时，井口至一级节流管汇用法兰连接。

(4) 管汇台、分离器、转弯的弯头两端、放喷口及平直段小于15m时，应采用水泥基墩地脚螺栓和钢质压板固定，压板与管线之间用垫子垫好，上紧压板螺丝。

(5) 试气分离器、泥浆分离器的安全阀出口应联结钢质管线至排污池。

(6) 放喷、测试管线应落地，因地形限制，地面流程中的短距离的管线悬空应将其垫实垫牢，若悬空长度超过10m，必须采用刚性支撑，在悬空的两端用水泥基墩地脚螺栓固牢。

(7) 放喷口和测试管线出口，应装缓冲式燃烧筒，放喷前点燃“长明火”，并备有第2、第3种点火装置，如自动点火装置、彩竹筒。

(8) 地面流程试压应根据各管线、设备的耐压等级分段试压，具体试压按工程设计要求进行试压。

## 三、不同作业工况的要求

### 1. 中途测试

中途测试也叫钻杆测试，它是在钻井中途对已被钻开的油气层，通过钻杆将地层测试器下到待测层段进行的裸眼测试。因此，所测层位以上存在裸眼井段，且在裸眼井段可能有不同压力、不同性质的油、气、水层。同时，在测试中必须使钻柱内的压力小于地层压力，地层流体才有可能流入到钻柱内。

中途测试施工前，根据钻井、录井和测井资料对工程施工进行风险性评价。测试前，应由甲方组织开工验收会，并由测试分队提交应急预案和施工组织方案。含硫油气井测试所用的井控设备、钻具、测试工具及管材应满足防硫要求，含硫气层施工前按要求启动应急预案，组织和施工无关人员撤离，应特别强调使用正压式空气呼吸器。

(1) 采用加钻压式测试器的测试，井口第1根钻杆或油管，抗内压、抗外挤和抗拉安全系数应加一级；管柱顶部应联结高压阀们或高压测试控制头，其抗内压安全系数应加大一级。

(2) 预测井口关井最大压力大于45MPa，或日产天然气大于$50\times10^4m^3/d$的地层中途测试，封隔器应座封在技术套管内，采用压控式测试器进行测试，井口应安装高压采气树。

(3) 预测井口关井最大压力大于70MPa的井，不应进行中途测试。

(4) 中途测试应在规定时间内完成，原则上累计测试时间应控制在8h以内。

(5) 测试井段井身质量差、含有大段页岩、石膏、易垮塌及缩径是泥岩、盐岩层、用桥架钻井液堵漏的井及测试管柱不能满足测试设计要求的井不应进行中途测试。

### 2. 射孔

(1) 含硫化氢气层应采用油管输送射孔。为了保证作业安全，油管输送射孔时，泵车应停放在井口附近及高压软管允许的距离以内，应既不妨碍绞车操作者的视线，又不妨碍井口安装和地面连接。高压油气井射孔时，井口应安装防喷装置。现场施工车辆发动机排气管应安装阻火器。射孔施工完成后，应立即清点雷管、传爆管、射孔弹、导爆索等，并清理施工现场。若气层要求下测试仪器测试，可采用油管输送射孔与地层测试联作。

（2）射孔施工时，井场和射孔作业区禁止进行与射孔无关的其他泵车作业。

（3）高含硫化氢气井射孔施工应安排在白天进行，特殊情况下的夜间作业应保证有足够的照明设备和安全保证措施。

3. 试气及作业管柱

试气是钻井完井以后，将钻井、录井、测井所认识和评价的含气层，通过射孔、替喷、诱喷等多种方式，使地层中的流体（包括气、凝析油和水）进入井筒，流出地面，再通过地面控制求取气层资料的一整套工序过程，它是对气层进行评价的一种手段。

（1）在施工作业中，井内管柱存在放喷生产工况，预测最大关井井口压力≥35MPa、地层温度≥120℃的气井，井下管柱应有压力控制式循环阀、井下关闭阀（如测试阀）和封隔器。

（2）预测最大关井井口压力≥70MPa、地层温度≥150℃的气井，应增加耐高温高压的伸缩补偿器，采用气密封特殊扣油管。

4. 替喷、诱喷与测试

（1）替喷前应检查采气树、地面流程管汇的阀门及放喷、回浆管线，阀门的开启状态并有明显标识。

（2）划分警戒区域，进行防硫化氢泄漏演练，撤离居民和无关人员至少500m外。

（3）替喷、诱喷一般用正循环一次替喷、反循环洗井的方式。对一次替喷不能满足要求的气井，可采用二次替喷、反循环洗静的方式。对于高压高产层喷势强烈的井，应采用正替正洗的方式。射孔或替喷后不能自喷的井，应用氮气、二氧化碳或天然气进行气举或混气水诱喷，严禁用空气。

（4）放喷点火应开启自动点火装置或派专人进行，点火人员应佩戴空气呼吸器，在放喷管口先点火后放喷。放喷期间，测试管线出口燃烧筒处应有长明火。

（5）放喷、测试等危险作业时间应安排在白天进行，试气期间井场除必要设备需供电外其他设备一概断电。若遇6级以上大风或能见度小于30m的雾天、下雪天或暴雨天，应暂停放喷。

5. 特殊作业

特殊作业一般包括放空、绳索作业、酸化、压裂、连续油管作业、阀门钻孔和热分接等作业，但不限于以上项目。

（1）放空

如果工具、防喷管或其他装置打开或泄压时存在硫化氢释放的危险，宜安装适当的管线进行远距离放空、燃烧。另外，对所有会暴露于硫化氢环境下的工作人员，都应配带个人呼吸保护设备。

（2）绳索作业

如果井能自喷，绳索防喷装置由绳索作业阀（防喷器）、防喷管（立管）、泄压阀和密封盒或控制头组成。

如果工具、防喷管或其他装置打开或泄压时存在硫化氢释放的危险，宜安装适当的管线进行远距离放空、燃烧。另外，对所有会暴露于硫化氢环境下的工作人员，都应配带个人呼吸保护设备。

绳索材料宜适合作业环境。

如果只有硫化氢这一种化学影响因素，一些高抗硫化物应力开裂的材料可供选择。电缆和钢丝绳入井前，可考虑使用缓蚀剂对其进行预处理。此外，还可考虑对绳索进行检查和延展性试验，以检测作业中可能出现的锈斑、表面损伤或脆裂等。

如果作业环境中还含有其他化学物质，如卤化物，有些抗硫化氢的绳索将不能满足要求。这样，若井液中含卤化物，下入不锈钢绳索前可能需要金相咨询。

(3) 酸化、压裂

涉及潜在硫化氢的油气开采区域的生产经营单位应警示所有人员作业过程中可能出现硫化氢的大气浓度超过 15mg/m$^3$(10ppm)，二氧化硫的大气浓度超过 5.4mg/m$^3$(2ppm)的情况。一旦作业区域硫化氢或二氧化硫浓度 8h 时间加权平均数高于上述两个数值时，宜提供个人保护。

(4) 连续油管作业

连续油管作业装置应根据主导风向和井场条件，宜位于上风方向。滚筒及其传送设备的固定宜足以避免意外移动。

对于连续油管作业的特殊设备，若可能，连续油管防溢器底连接宜采用法兰连接；在承压条件下作业时，宜特别考虑安装一专业泵四通，并在其下方安装第二组油管闸板防溢器。井液管线不宜经过连续油管装置的工作篮。

(5) 阀门钻孔和热分接等特殊作业

热分接就是将机制的或焊接的支线管件连接到在用的管道或设备上，并通过钻或切割被连接的管道或设备的那一部分，在该管道或设备上产生开口的一项技术。通常是在把管道或设备从设施中脱离或用常规的方法进行吹扫和清洗是不可行时才使用热分接。在认真考虑无其他替代方案后，才可以考虑在在用设备上进行焊接或热分接。所以阀门钻孔和热分接设备应适用于含硫化氢环境。所有设备的额定工作压力都应高于设备内被钻孔或被维修部件的预期压力。

防喷管和防喷管总成上的两个泄压孔宜分别串接两个阀。阀的材料宜抗硫化氢，其额定工作压力应等于或大于防喷管总成的额定工作压力。外阀通常作为操作阀，以保护备应急之用的内阀。

6. 弃井与封井

对无工业开采价值的地质报废井和工程报废井应做弃井处理，对暂时无条件投产的有工业油气流的井，应予封井，并报上级主管部门批准。

对无工业开采价值的井应采取永久性弃井方式，即试气结束后，先将井压稳，从气层底部至顶部(射孔井段)全段注水泥，水泥浆在套管内应返至气顶以上 200~300m，其中先期完井的井应返至套管鞋以上 200~300m。在井口 200~300m 处打第二个水泥塞进一步封井，井口焊井口帽，装放气阀，盖井口房。

对暂时无条件投产的有工业油气流的井应采取暂时性弃井方式，即试气结束后，先将井压稳，在气层以上 50m 打易钻桥塞(先期完井气井应在套管鞋以上 50m 打易钻桥塞)，然后打 100~200m 的水泥塞。井口应安装采气树，选择井口并试压。再装压力表，盖井口房，并观察记录。

存在严重事故隐患不能正常生产的天然气井，应根据实际情况，采取不同的封堵措施，达到永久性弃井的要求。封堵施工作业时，应有施工作业设计，并严格执行审批程序。水泥塞试压压力应不小于 30MPa，但不超过套管抗内压强度的 80%，试压稳压 30min，压降小于 0.5MPa 为合格。

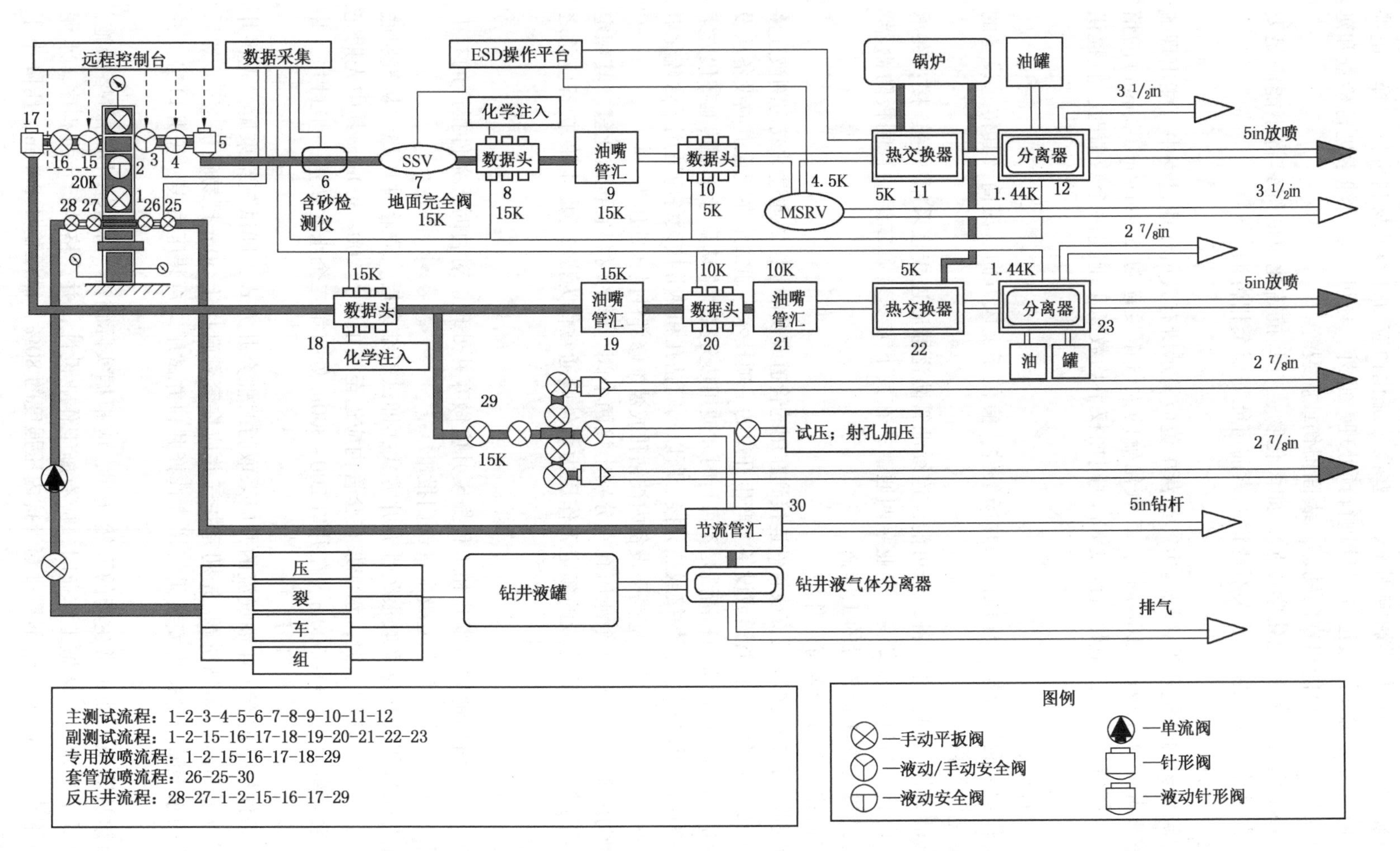


图6－1　含硫化氢高温、高压、高产深井测试地面流程示意图

## 四、川东北地区测试作业的特点及硫化氢防护

1. 川东北地区测试作业的特点

川东北气井普遍具有高温、高压、高产、高含硫的特征，使得气井在测试作业过程中具有以下特点：

（1）高含硫气井测试过程中，从采油树开始至三级降压装置，地面流程管汇多处节流和转向，高产地层流体容易导致节流转向处温度急剧降低；含饱和水蒸气的天然气流到井口后，由于温度的降低，水蒸气由饱和状态变为过饱和状态，在节流情况下容易形成冰堵。由于这一过程具有突发性，一旦出现若不及时处理，对测试施工和人身安全造成极大危害。

（2）在高含硫气井地面测试中，由于往往伴随有注酸、排酸、排液、放喷、测试等施工过程，若采用常规的一套地面三级降压装置，流程闸门开关、倒换频繁，现场操作起来很复杂，容易出错；测试过程中如果流程任何一处出现意外刺漏或需要整改，惟一的选择就是停止测试。

（3）含硫化氢气井测试现场施工人员的人身安全必须得到足够的保障。如放喷点火，采用人工点火显然不合适；记录各点压力，采用手动记录不准确、不持久。

（4）由于含硫化氢气体，对井下测试工具的选择要求高，应充分考虑工具的防腐、防脆、防断，测试设备必须要选用防硫化氢的材质。

（5）深井、超深井的特点之一是高温、高压。因此封隔器的胶筒、工具等其他橡胶密封件的选择要耐高温，保证在高温高压等恶劣环境中不刺、不漏。

（6）井口控制设备，包括控制头、地面及活动管汇等，不但要求承受高压，而且还要防硫化氢。

针对川东北气井高温、高压、高产、高含硫化氢的特点，为了确保测试过程流畅、施工现场安全、资料采集准确，测试过程中，采用的地面测试流程一般如图6-1所示。

2. 作业期间对硫化氢防护的要求

测试期间，为保证作业人员的人身安全，应加强对硫化氢的监测和防护工作。

具体防护要求如下：井场应设置多个风向标；对可能有硫化氢沉积的危险区域设置醒目标志；在井口、油嘴管汇、分离器、计量罐、放喷口等硫化氢易于泄漏和聚集的地方，应设置固定式多点硫化氢监测仪。在放喷期间，应两人一组，携带便携式硫化氢检测仪进行巡回检测。

同时现场施工应成立硫化氢应急领导小组，负责现场全部安全工作，对该井施工人员进行防 $H_2S$ 应急演练，做好应急准备工作，让每一位施工作业人员明确自己的职责。

3. 施工期间防硫化氢泄漏的应急措施

应急内容包括：

现场配齐安全设备、物品。$H_2S$ 监测仪表与防护设备、药品等应由专人管理，定期检验，做到取用方便，并提前与就近医院取得联系；

井场应有专人管理。人员、车辆进出井场登记挂牌，非工作人员（包括当地农民）不可擅自进入。井场应设置风向标，划分逃生、撤离路线，划定危险区、救护区、安全区，并有明显标识；

井口、油嘴管汇、压井出口管线处备一桶苏打水及数条毛巾；现场备2倍井筒容积的1.05g/cm$^3$、pH=12的碱水75m$^3$，准备随时压井；

精减井口操作人员，缩短井口操作人员的工作时间，井口操作人员连续工作时间应不超过2h；起下作业时，井口附近上风处配备四套呼吸器，井场作业人员佩戴防护设备，并指派专人佩戴呼吸器随时监测$H_2S$，发现$H_2S$达到及超过设定的报警浓度时应立即启动报警装置实施报警；

警报器拉响后，井场进入应急状态，启动应急预案。各岗位人员按照各自的职责进行处置。处于危险区的人员立即戴上防护设备，撤离到指定的安全集合点，并清点人数，由领导小组统一组织、指挥抢险工作。若确需在$H_2S$气体存在的场所继续作业，必须保证作业人员安全。作业人员须两人以上为一组，佩戴空气呼吸器进行作业，并且至少每间隔10min撤离至安全地带，休息5min后，方可继续工作；

作业前，做好宣传工作，让当地居民了解硫化氢及防护知识，确保当地居民生命安全，确保万无一失。

# 第七章　含硫油气井生产和天然气处理硫化氢防护

加强含硫油气井生产和天然气处理的管理，减少硫化氢对人体和生产设备的危害，在生产设计、操作规程、规章制度过程管理等方面要全方位考虑，防硫要求必须符合有关标准。

## 第一节　设　计　要　求

含硫油气生产井的设计主要有气井工作制度的确定、采气工艺的选择、生产管柱的选择、井口装置及地面流程的选择等方面。

1. 气井工作制度的确定

气井工作制度是指采气时气井的压力和产量所遵循的关系。气井所选择的工作制度应保证在开采过程中能从气井得到最大的允许产量，并使天然气在整个采气过程中(地层→井底→井口→输气管线)的压力损失分配合理。

气井工作制度的选择会受到多种因素的制约，主要有地质因素、采气工艺因素、井身因素等。气井工作制度需要根据气田开发方案、运用试井和节点系统分析方法、结合气井实际情况来选择。正常生产气井的工作制度，应根据气井现阶段的产能试井资料和气田配产方案确定，一旦确定不能随意变更。调整气井工作制度时，新的生产制度应根据新的试井资料或动态资料确定。改变气井工作制度之后，应进行气井生产综合分析。

2. 采气工艺选择原则

采气工艺方式的选择应遵循科学、安全、适用、经济的原则。依据气藏工程及地面条件，针对于含硫化氢和二氧化碳的碳酸盐岩气井，采取适用配套的采气工艺技术来提高气井产能和稳产期。采气工艺选择是以节点分析理论为基础，把气井从气层、井筒到地面分离器作为系统考虑，分析各环节的压力损失，确定合理的生产管柱、工作制度及工艺措施。

3. 生产管柱优化设计

在选择生产管柱时硫化氢分压大于 0.0003MPa 的井应采用抗硫措施；二氧化碳大于 0.21MPa 的气井应采用防腐措施；既含硫化氢又含二氧化碳的井应视各自含量情况选用既抗硫又防腐的措施。

含硫化氢、二氧化碳气井射孔管柱应采用金属气密封管柱。下井管柱丝扣应涂防腐类密封脂。气密性封扣抗拉强度应是本体强度的100%，射孔管柱抗拉安全系数应大于 1.8，抗外挤安全系数应大于 1.25，抗内压安全系数应大于 1.25。

4. 采气井口装置选择

由于川东北地区等气井高含硫化氢、二氧化碳，井口装置选择时要选用高抗硫化氢和二氧化碳的合金钢采气井口装置，再根据气井压力及流体性质，确定适宜的产品规格、等级。采气树各部件应满足《井口装置和采油树规范》的技术要求且具备远程控制井口闸门开关的性能。具体要求如下：

气井口装置性能应采用要求更为严格的 PR2 级；井口装置和采气树主要部件包括油管

头、油管悬挂器、油管头异径连接装置以及下部主阀，它们的规范级别均应采用 PLS4；井口装置材料级别应采用酸性环境所用的 HH 级及以上级别；整套井口装置与流体接触的部件内衬材质要求满足抗流体中硫化氢、二氧化碳含量的腐蚀要求，选择硫化氢材料时，宜参照美国腐蚀工程师协会的 NACEMR0175 的最新版本。NACEMR0175 中的条款被视为最低标准，使用都可根据需要选择更高标准的技术规范，NACEMR0175 材料要求中只针对抗硫化物应力开裂，在设备设计和操作中宜考虑其他腐蚀作用和失效机理(如点蚀、氢致开裂和氯化物开裂)。除硫化物应力开裂(SSC)以外的机械失效控制，宜采取注化学缓蚀剂、材料选择和环境控制等手段实现。NACEMR0175 中未作规定的材料，如果经用户或厂商通过公认可接受的评定程序检验合格，具有抗硫化氢特性，同样可以使用。

井口阀门的选择根据接触环境的腐蚀性选择相应的耐腐蚀材料，与流体接触的部件应采用高抗硫化氢、二氧化碳腐蚀环境要求的合金钢材质；节流阀宜采用平板节流阀；由于硫化氢气体会促使橡胶、石墨、石棉的老化，所选阀板、阀座与阀体间均采用金属对金属密封；气井采气树推荐采用普通双翼井口，为减少冲蚀的影响可采用 Y 型井口和整体式采气树；酸压后直接投产的气井井口，井口装置的压力等级应按酸压的最高施工压力选择，宜采用双翼井口，以满足液体返排。

采气井口应配置地面安全阀，当出现紧急情况时，安全阀系统可自动关闭；在井口安装压力传感器、气体监测报警系统和易熔塞，井口压力高于或低于设计的安全工作压力时，以及气体泄漏和火灾发生时，能迅速发出报警信号，并能快速自动关闭安全阀，系统也可实现就地手动控制。

采气井口装置总成各零部件损坏时，不得采用焊接方式来修补，应更换新的零部件。新购设备或零部件的材料、牌号、机械性能及抗硫性能应与原装置或零部件的性能一致。

5. 天然气井场、集气站、输气管线的设计

井场设备的布置应符合相关标准的规定。井口不宜直接进行天然气放喷作业，必要时应接放空管道采取直接燃烧方式放喷。放喷时注意火焰高度，当火焰降到 1m 左右时应及时关闭放喷阀门。放喷管口远离井口、民房、水池、道路、建筑物、高压输电线路等 50m 以上。

6. 天然气净化厂设计

天然气脱水、凝液回收、脱硫、硫黄回收及尾气处理等处理与净化设施的设计，应符合国家相关规定，并应采用成熟、可靠、先进的技术和装备。吸收塔压力及液位、闪蒸罐压力及液位、余热锅炉液位及主燃烧炉配风等主要工艺参数点，应设置自动监测、控制、保护系统。加热炉的安全技术要求应按《石油工业用加热炉安全规程》的规定执行。

在天然气的净化和处理中，天然气处理与净化的防火设计应符合国家相关规定。对含硫的油、气、水、渣等应加强管理和治理，天然气中脱除的液体、固体硫黄等的安全要求，应符合国家相关规定，储存含硫油、水的池坑周围应加栏杆或盖板。

为了保证生产安全，用于酸性环境的生产设备、管道和阀门等的材料及制造，应按《地面设施抗硫化物应力开裂金属材料》要求选择材料，另外净化厂宜设置硫化氢腐蚀监测系统，以便于掌握生产设备的腐蚀状况，同时净化厂也应设置符合国家要求的放空装置。

为了确保在含硫化氢环境中的作业人员的安全，含硫气体净化厂内应设置风向标，在高温、高压和重点部位设置有毒气体自动监测、报警装置，同时还应配备一定量的便携式硫化氢监测仪，脱硫、硫黄回收、尾气处理、污水处理等作业场所，应按在岗人数配置空气呼吸装备和防爆照明灯具。

含硫原料气过滤分离器及脱硫装置的塔、罐等检修时，应有增湿措施保护，以防止硫化铁自燃、并有防止硫化铁与酸性物质反应产生硫化氢的措施。总控制室、办公区域等建筑物应配备相应的消防设施。

变配电间、线路设计和电器设备的接地应符合国家相关规定，生产单位应对应急照明系统和接地系统定期检查。净化厂内应设置明显的安全警示标志。净化厂应设置不间断电源（UPS），UPS 的能力应满足工厂等紧急停电后仪表用电及应急照明 30min 以上。

## 第二节　气井生产的管理

加强气井的生产管理会减少事故的发生。对于高含硫的情况，气井生产管理的规范性更加重要，应按以下要求做好气井的管理工作。

1. 气井生产操作基本要求

气井生产操作之前应做好应急预案、事故预防措施和设备安装等工作。

气井生产现场应配置人身防护设备以及固定式硫化氢检测仪和便携式硫化氢监测仪。呼吸设备的放置应取用方便，硫化氢的监测应采用固定式和便携式相结合的方式。

气井生产时应按岗位要求配备操作人员，操作人员必须具备安全生产和硫化氢监测及人身安全防护知识，并经岗前培训考核合格后持证上岗。操作人员应穿戴劳保用品，采用必要设备，按相关操作规程进行安全操作生产。进行生产前，应召开全体员工安全会议，强调呼吸保护设备的使用方法、急救程序和应急响应程序等。进入井、站场严格按照安全生产管理规定执行。在硫化氢浓度超过 $15mg/m^3$(10ppm)环境中工作的人员，应佩戴适当的空气呼吸保护设备。

2. 气井生产时具体操作的相关要求

针对含硫化氢及二氧化碳的实际情况，气井的日常操作比一般不含硫的气井要求更为严格，具体要求如下：

（1）开关井、液气分离和天然气计量　在考虑含硫化氢、二氧化碳因素的影响下，气井的开、关井必须严格按生产指令执行，按规范的操作规程进行操作。

（2）排污、放空　分离器排污口和天然气计量放空出口处应加强硫化氢浓度的监测。每站设高压放空火炬系统一套，所有排放气体都应进入放空系统，排放气体都应符合国家规定的排放要求。应有安全警戒人员负责放空安全；放空天然气应在统一安排下进行，有专人监护，放空的天然气应点火燃烧；放空管线应采用抗硫管材，不得随意作弯曲，并按设计要求固定。

（3）取样　含硫化氢天然气的取样是属于较危险的操作，在操作和保管过程中可能会有硫化氢气体的逸出，取样和保管应采取适当的防护措施：取样点应安装固定式硫化氢监测仪、操作人员操作时应戴上便携式硫化氢监测仪，对硫化氢随时进行监测，取样时操作人员应站在上风方向。取样瓶应选用抗硫化氢腐蚀材料，外包装上应标识警示标签。

（4）设备、仪器、管线的保养　井场设备、仪器、管线的保养，按井站相关制度进行检查维护，确保设备、仪器、管线完好；规定强制保养的内容按有关规定执行。

（5）增产措施的选择　宜选择酸压或酸化改造措施，通过酸化、酸压可有效解除地层污染，提高单井产能。

（6）防腐措施　根据高含硫化氢、生产现场设备腐蚀严重的特点，推荐采用高镍基合金钢抗硫材料；油套环空应加缓蚀剂进行套管和油管外壁防腐；在井口出口处采取连续加注缓蚀剂进行管线防腐，避免在井口附近产生电偶腐蚀引起 $H_2S$ 气体泄漏；各阀门(包括井场的高低压切断阀)应定期加注黄油、密封脂。

(7) 防硫沉积工艺措施　含硫化氢的井在生产过程中会有单质硫的析出，假如不及时处理的话就会形成固体硫的沉积，对天然气的产出造成不利的影响，因此必须在生产过程中采取一定的防硫沉积工艺。单井配产小于 $50\times10^4m^3/d$ 的井，应考虑在管柱上安装毛细管加药装置，通过毛细管连续加溶硫剂，预防井筒中硫沉积。选择注溶硫剂化学除硫工艺时，推荐选用溶硫量大、能生成易流动物质的化学溶硫剂，然后按设计方案将一定数量的溶硫剂沿生产管柱泵入，浸泡 6~12h 后可开井恢复生产。加溶硫剂气井应根据气井单质硫析出规律，制定合理的加注溶硫剂周期、数量，并进行记录。

(8) 防水合物工艺措施　根据在天然气由地下到地面由于天然气的降温降压以及计算气井不同产气量条件下的井筒温度分布，进行水合物形成预测。防水合物工艺：当井筒中有水合物形成时，通过和溶硫剂复配，选择协同作用好的抑制剂，与溶硫剂一起通过毛细管连续投加，预防井筒中水合物堵塞。井口管线为防水合物的形成，正常生产时宜采用水套炉加热方式，在事故工况或开停工工况时宜采用注抑制剂方式。根据气井水合物形成特点、程度，制定合理的加注抑制剂周期、数量，并进行记录。

3. 天然气处理装置的操作

气井产出的含硫天然气不能直接输送给用户，必须经过天然气处理装置对含硫天然气进行处理后才能向用户输送。

天然气处理厂对含硫天然气处理的一般工艺流程为：含硫天然气通过联合站进入天然气处理厂装置脱硫单元，经过重力沉降分离和过滤分离等预处理工艺，除去原料气中携带的机械杂质、游离水以后，进入脱硫吸收塔，除去原料气中所含的硫化氢和部分二氧化碳。湿净化气进入脱水单元，在脱水吸收塔内脱去湿净化气中的水，得到的干净化气即为产品气，再返回联合站外输。脱硫单元胺溶液再生后得到酸性气体，进入硫黄回收单元采用部分燃烧、三级催化反应回收硫黄。回收硫黄后的尾气经灼烧后，通过烟囱排入大气，如图 7-1 所示。

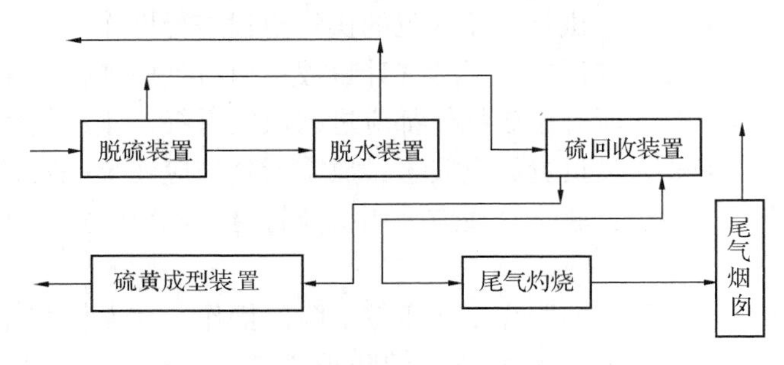


图 7-1　天然气处理厂脱硫原理流程图

针对天然气处理厂的特殊性，在安全方面要按以下要求进行操作：

(1) 管理人员和操作员对关键部位、危险点检查应执行相关制度和风险特种作业审批制度。

(2) 对于危险点实行 24h 巡回监督检查。巡回检查部位应包括脱硫、脱水、回收、成型、火炬、污水、给排水、循环水、锅炉房、空压站、热力管网、机泵、发电机等。

检查时的具体过程如下：

检查人员由各管理人员和本岗位操作员组成。检查是否有腐蚀、泄漏、渗漏以及异常振动、噪音、温升。每次检查完毕后要在危险点检查日记上详细填写检查情况，内容应包括发现的问题、隐患部位、处理结果，做到表格化、标准化，并存档；巡检发现问题，要立即向班长、领导及有关部门报告，采取措施，以防止事态扩大；建立考评制度。对巡检人员进行考评，考评包括查出的隐患数、整改率、避免事故次数、安全合理化建议及价值等。

(3) 进入有毒场所作业，应佩戴正压式空气呼吸器。

(4) 进入塔、容器、储罐、炉膛、烟道或其他密闭设备、地下或半地下池坑等环境检查、操作或检修作业时，应按密闭空间进入程序操作，现场环境应做好通风换气，对内部空间的气体取样分析，确认含氧量不少于18%，甲烷含量不大于1.25%。

(5) 进入盛装过含硫介质的容器内作业，应按相关标准中规定的进入密闭空间的要求进行，并做好容器内的有毒气体隔离、吹扫、置换等处理。保证有毒气体含量低于规定的容许浓度，且2h分析1次气样；检查、检验人员进入容器内，应办理安全手续方可进入，容器外有专人监护。

(6) 加强危险点的管理，明确相关人员的监控职责，实行管理和操作人员的监控责任制。

管理人员监控职责主要有：经常深入现场对危险点进行检查，发现问题及时提出措施予以消除；对重点危险点在装置正常运行和开、停工情况下要有可靠的防范措施；重点危险点在改建中，要参加设备改造、工艺条件变动方案审查，使之符合安全技术要求；组织操作员针对重点危险点所发生的事故进行技术练兵活动，定期考核；参加重点危险点事故发生的技术调查、分析，查明原因，分清责任，提出预防措施，并及时向领导或主管部门报告；重点危险点工艺流程、参数改动时，要做好向操作员交底工作。

操作员监控职责主要有：按规定每1h对所负责岗位的重点危险点检查一次；正确分析、判断和处理各个危险点的事故苗头，把事故消灭在萌芽状态，如发生事故，要果断地正确处理，及时如实地向上级报告，并保护现场，做好详细记录；积极参加关于危险点的技术练兵和事故应急演练；做好危险点的检查记录工作，交接班要交危险点的状态和所存在的问题。

(7) 紧急情况应急处理。紧急情况是指装置可能发生或已经发生恶性事故或灾难性事故。它与异常情况和普通事故处理相比较，具体情况难以掌握，处理措施的实施也较为困难，同时人身安全存在着很大的风险，因此应急处理必须以保证安全为前提实施。以此为原则，应急处理尽可能按正常停工步骤进行，如情况严重难以控制同时为避免影响的进一步扩大，可按紧急停工处理，但同时也必须遵循事故处理原则。

① 可燃物、有毒物跑冒、泄漏及火灾、爆炸事故应急处理措施

天然气处理装置中，有大量的易燃、易爆、有毒的物质存在，在生产过程中有可能出现可燃物、有毒物跑、冒、泄漏甚至会出现爆炸事故，一旦出现这些情况应该采取以下的响应：

首先报警，再抢险，再撤离，避险，同时对中毒人员展开急救。

报警：当发生可燃物、有毒物跑冒、泄漏及突发性火灾爆炸事故时，现场工作人员立即戴上空气呼吸器，在保护好自身安全的情况下，及时检查事故部位，及时通知班长、工段长或调度，经同意后向119、110、120等报警，讲清单位名称，发生时间、地点，泄漏物的名称、泄漏量，事故的性质(爆炸、火灾、中毒)危险程度，有无人员伤亡以及报警人姓名及联系电话等。

抢救：爆炸、起火或毒物泄漏后，当班操作人员立即通知中控室人员及时向班长、值班人员及调度汇报，节假日由值班干部组织，日常由厂应急领导小组指挥，对出事部位的管线流程进行变更、切换或放空，切断通向该处的物料，同时灭火组(每班的消防员)人员使用灭火器、消防水、蒸汽等手段进行现场灭火、降温、稀释，待专业消防人员到达现场后，协助消防人员进行扑救，扑灭火灾后，警戒成员对着火现场进行清理、检查、确认安全，防止二次着火。

撤离：迅速将安全区内与事故应急处理无关人员撤离以减少不必要的伤亡。紧急疏散应注意：如泄漏物有毒时需佩戴个人防护用具，向上风口方向转移，明确专人引导和护送疏散人员到安全区，查清是否有人留在污染区与着火区。

避险：建立安全区域，事故发生后根据火焰辐射和毒气扩散所涉及的范围，建立安全警戒区，并设专人警戒，除消防及应急处理人员外，其他人禁止进入警戒区，区域内严禁烟火。

急救：当现场有人受到伤害时应立即进行以下处理，迅速将患者脱离现场至空气新鲜处：呼吸停止时立即进行人工呼吸；当人员发生烧伤时，迅速将患者衣服脱去，送往医院。

② 硫化氢($H_2S$)泄漏应急处理措施

油气处理装置出现含硫天然气泄漏，如不及时进行处理后果是相当严重的，可能会造成很大的经济损失、恶劣的社会影响甚至是人员伤亡。一旦出现含硫天然气泄漏，应该从两方面进行处理，一方面是针对泄漏的应急措施，另一方面是针对于硫化氢这种有害、有毒气体的防护和伤害处理措施。

应急处理：一旦泄漏，应迅速撤离污染区，人员应站在上风处，并隔离至气体散尽，切断电源。应急处理人员佩戴正压自给式呼吸器。合理通风，切断电源，喷雾状水稀释、溶解，注意收集并处理废水，防止产生再次污染。

人身保护与伤害处置：空气中硫化氢浓度超标时，应配戴正压自给式呼吸器，戴化学安全防护眼镜，穿相应的防护服，进入容器或高浓度作业区，必须有人监护；当有人中毒时，在保证自身安全的前提下，迅速将患者移离中毒现场至空气新鲜处，松开衣领，气温低时应注意保暖，评估患者意识和呼吸状态。对意识丧失且呼吸停止者立即实施心肺复苏，短程应用糖皮质激素，及时合理地采用对症、支持等综合疗法。

# 第八章　石油加工涉硫作业硫化氢防护

石油加工企业由于生产装置、工作人员相对集中，生产装置的开、停工，检修或抢修；正常生产中的脱水、采样等生产过程；设备、工具、仪器及仪表因为腐蚀出现意外泄漏等，都会使大量的作业人员暴露在硫化氢当中。因此，石油加工企业必须对硫化氢的危害引起足够的重视，建立健全硫化氢防护安全管理、设施及应急预案。

## 第一节　炼化企业硫化氢气体的来源

对于炼化企业，硫化氢通常出现在炼油厂、化工厂、脱硫厂、油/气/水井或下水道、沼泽地以及其他存在腐烂有机物的地方。

硫化氢主要来源于：

① 原始有机质转化为石油和天然气的过程中会产生硫化氢。

② 在炼油化工过程中，硫化氢一般是以杂质形式存在于原料中或以反应产物的形式存在于产品中。

③ 硫化氢也可能来自辅助作业或检维修过程，例如用酸清洗含有 FeS 的容器，发生酸碱反应生成硫化氢，或将酸排入含硫废液中，发生化学反应生成硫化氢。

④ 水池管道中长期注入含氧水(如海水、含盐水、地下水)，在注入过程中由于硫酸盐还原菌的作用，会导致水池中的溶液“酸化”而产生硫化氢。

1. 硫化氢的分布区域及分布情况

炼油化工生产过程中，硫化氢的分布区域及分布情况，如表 8-1 所示。

**表 8-1　硫化氢在炼油装置中的分布**

| 序号 | 装置名称 | 分布区域 | 分布物料 |
|---|---|---|---|
| 1 | 常减压蒸馏 | ① 塔及塔顶回流罐；<br>② 加热炉用瓦斯罐区；<br>③ 电脱盐排水口 | $H_2S$ 主要集中在初顶、常顶、减顶的气体中以及溶解在塔顶冷凝污水里，油品中的 $H_2S$ 含硫较低 |
| 2 | 催化裂化 | ① 分馏区；<br>② 吸收稳定区；<br>③ 脱硫区(液化气脱硫和汽油脱硫醇) | 在反应过程中，原料中的硫化物转化为 $H_2S$，因此裂化油含有一定量的 $H_2S$。富气、干气、液化气中 $H_2S$ 含量较高，油品中的 $H_2S$ 含量较低 |
| 3 | 重整装置 | ① 原料预处理部分；<br>② 高、低分离器；<br>③ 循环氢压缩机；<br>④ 汽提塔顶回流罐。 | 预分馏塔顶气体含一定量的 $H_2S$。预加氢后的汽提塔顶气体中 $H_2S$ 含量较高，而精制油中硫含量很低 |
| 4 | 延迟焦化 | ① 汽油回流罐区；<br>② 加热炉用瓦斯罐区；<br>③ 压缩机房 | 焦化气中 $H_2S$ 含量较高，汽油中也含有一定量的 $H_2S$ |

续表

| 序号 | 装置名称 | 分布区域 | 分布物料 |
| --- | --- | --- | --- |
| 5 | 加氢精制 | ① 高、低分离器；<br>② 分馏塔顶回流罐；<br>③ 循环氢压缩机；<br>④ 酸性水系统 | 馏分油或渣油加氢精制，生成油中都含有较多的 $H_2S$。各分离器中的气体以及分馏塔顶的气体含有较高的 $H_2S$，同时酸性水的 $H_2S$ 含量也较高 |
| 6 | 加氢裂化 | ① 高、低分离器；<br>② 分馏塔顶回流罐；<br>③ 循环氢压缩机；<br>④ 酸性水系统 | 加氢裂化有较高的脱硫率，因此反应生成油中 $H_2S$ 含量较多。各分离器中的气体以及分馏塔顶的气体 $H_2S$ 含量较高。酸性水的 $H_2S$ 含量也很高 |
| 7 | 气体脱硫 | ① 吸收塔；<br>② 再生塔；<br>③ 硫回收区；<br>④ 排污放空区 | 各炼厂气(包括液化气)的 $H_2S$ 含量都很高，经脱硫处理后一般 $H_2S$ 含硫≤$20\times10^{-6}$，湿式脱硫中的富液含有较高的 $H_2S$ |
| 8 | 污水汽提 | ① 原料水罐；<br>② 汽提塔及其塔顶冷却器<br>③ 酸性气分液罐 | 含硫污水的硫主要以 $NH_4HS$ 及 $(NH_4)_2S$ 的形式存在。一般来说，加氢裂化、加氢精制以及重油催化的污水含硫较高。处理含硫油的蒸馏污水含硫也较高 |
| 9 | 硫黄回收及尾气处理 | ①酸性气分液罐；<br>②焚烧炉；<br>③尾气排放口 | 从气体脱硫装置和污水汽提装置来的酸性气原料，其 $H_2S$ 浓度很高，经硫黄回收后的尾气含 $H_2S$ 亦相当高，因此有些厂往往将尾气加氢还原循环回收硫黄。尾气经灼烧后，$H_2S$ 变成了 $SO_2$ |
| 10 | 瓦斯系统 | ① 压缩机进出口分液罐；<br>② 气柜及相应的人工采样点、切水排空点 | 瓦斯系统由气柜、压缩机、火炬和各压力等级的瓦斯管网组成。一般经脱硫处理后的瓦斯，其 $H_2S$ 含量在100ppm 以下。但目前我国一些炼厂火炬和气柜气体组分相当复杂，且变化无常，因此，其 $H_2S$ 含量可能会很高，足以致人死亡 |
| 11 | 轻油罐区 | ① 罐顶采样口；<br>② 测温口；<br>③ 检尺部位；<br>④ 脱水口 | 轻油中间罐区，尤其是焦化、裂化等汽油罐顶的不凝气中可能含有较高的 $H_2S$ |
| 12 | 其他系统 | ① 下水道；<br>② 循环水系统；<br>③ 污水处理场 | 下水道及循环水系统也可能串有很高的 $H_2S$ |

### 2. 硫化氢在化工装置中的分布区域及分布情况

硫化氢在化工装置中的分布区域及分布情况，如表 8-2 所示。

**表 8-2　$H_2S$ 在化工装置中的分布**

| 序号 | 装置名称 | 分布区域 | 分布物料 |
| --- | --- | --- | --- |
| 1 | 乙烯装置 | ① 水汽综合池；<br>② 压缩区碱洗系统；<br>③ 废碱液区 | $H_2S$ 主要存在于碱洗系统 |
| 2 | 天然气制氢 | ① 压缩机进出口分液罐；<br>② 尾气排放口 | $H_2S$ 主要存在于液态烃及尾气中 |

# 第二节　采样作业硫化氢防护

在生产波动、有异味产生、有不明原因的人员昏倒及在隐患部位活动(包括酸性水、瓦斯的逸出部位、排液口、采样口、储罐计量等)时，均应及时检测。检测过程中一定要注意采样环节硫化氢安全防护。

在进行含硫样品采样时，基本管理要求有6个方面：

(1) 所有取样点应设置硫化氢警告标志。

(2) 取样设备应彻底检查。

(3) 采样人员应该佩戴自给式呼吸器。

(4) 采样时应有人监护，采样人员和监护者应站在上风区域，监护者应始终能看清采样人员。

(5) 在取样之前，停止在下风方向的工作。

(6) 取样完成时，取样设备应标识硫化氢警示标签。

对于不同位置及要求的采样环节硫化氢防护，应按照以下要求区别对待。

*1. 未脱硫的液态烃采样硫化氢防护*

未经脱硫处理的液态烃中硫化氢含量非常高，采样时应做到：

(1) 采用密闭采样器，采样前要检查采样器是否完好。

(2) 采样过程中，慢慢打开手阀，不要开得过大。一些手阀受硫化氢的腐蚀，较难打开，不要用扳手敲打阀门，避免发生意外。

(3) 采样点应设在较通风良好的地方，防止硫化氢有害气体积聚。

*2. 酸性气采样硫化氢防护*

酸性气中硫化氢含量可高达99%(体积)，采样人员一旦吸入泄漏的酸性气会造成突然死亡。因此，对酸性气的分析建议采用在线分析，不宜进行人工采样。

*3. 油罐采样硫化氢防护*

严禁在边进、出油的状态下进行油罐采样。

*4. 高含硫污水采样硫化氢防护*

高含硫污水主要含有硫化氢、氨、瓦斯等有毒有害气体，采样时应注意：

(1) 采样时，手阀不能开得过大，以免污水溅出。

(2) 洗瓶的污水不能乱倒，以免污染环境。

# 第三节　脱水排凝硫化氢防护

在炼油化工企业中，从原料到各种半成品、副产品均需脱水排凝，很多物料都带硫化氢等有毒有害气体，应防患未然。

## 一、酸性气脱水排凝

酸性气脱水排凝必须采用密闭脱水集中回收到一个容器中，再用泵把酸性水送到汽提装置或进行其他处理。如果有时确需敞开脱水，务必做到：

(1) 佩戴适用的防毒面具，有专人监护，站在上风向。

（2）脱水阀与脱水口应有一定的距离。

（3）脱出的酸性气要用氢氧化钙或氢氧化钠溶液与之中和，并有隔离措施，防止过路行人中毒。

（4）脱水过程人不能离开现场，防止脱出大量的酸性气。

## 二、液态烃的脱水排凝

对液态烃的脱水排凝，应采取密闭方法，如果的确要敞开脱水必须采取下列措施：

（1）佩戴适用的防毒面具，有专人监护，站在上风向。

（2）脱水阀与脱水口设计应有一定的距离。

（3）脱水过程人不能离开现场，防止跑出大量液态烃。

（4）若长期敞开脱水，其下风向应设置固定式硫化氢报警仪。

## 三、油罐脱水

对含硫原油、半成品汽油、污油等油罐脱水，也应采取有效的防护措施。

（1）佩戴适用的防毒面具，有专人监护，站在上风向。

（2）脱水过程中，人不能离开现场，阀门不能开得过大，防止跑油和大量的有害气体逸出。

# 第九章　特殊涉硫作业硫化氢防护

在石油企业中，除钻井、井下作业、炼油、测井、录井、集输、污水处理等较多含有已知或潜在硫化氢等有毒、有害气体，需要重视和加强气防工作，对其实施严格的进出控制外，在其他一些作业中同样需要我们警惕和处置对已知或潜在含有硫化氢等有毒、有害气体的防护问题：如，作业人员进入罐、处理容器、罐车、暂时或永久性的深坑、沟等等受限空间，进入有泄漏的油气井站区、低洼区、污水区或其他硫化氢等有毒有害气体易于集聚的区域时，进入天然气净化厂的脱硫、再生、硫回收、排污放空区进行检修和抢险时，以及在清理垃圾场、化粪池、污油池、污泥池、排污管道内、窨井等场所施工作业。

## 第一节　进入受限空间硫化氢防护

受限空间是指炉、塔、釜、罐、仓、槽车、管道、烟道、下水道、沟、井、池、涵洞、裙座等进出口受限，通风不良，存在职业安全危害，可能对进入人员的身体健康和生命安全构成危害的封闭、半封闭设施及场所。

炼化企业日常生产工作中，在装置正常生产的检查、油罐的检查与清理作业、进入设备内检修作业、进入下水道(井)、地沟作业、油池的清污作业、堵漏、拆卸或安装作业等情形下，都不可避免地进入受限空间作业。在这些不同的受限空间作业环节都面临硫化氢中毒的风险。近年来，全国受限空间作业的硫化氢中毒事故接二连三，成为硫化氢中毒事故最高发的环节，炼化企业也是如此。因此，加强受限空间作业硫化氢防护是炼化企业安全工作的关键之一。

### 一、作业许可

(1) 进入受限空间作业前，生产单位应组织本单位及施工单位的有关专业技术人员，针对作业内容对受限空间进行危害识别，分析受限空间内是否存在硫化氢等有毒有害、缺氧、富氧、易燃易爆、高温、负压等危害因素，制定相应的作业程序、安全防范和应急措施，告知施工单位。

(2) 施工单位根据具体的作业要求和危害识别结果，制定进入受限空间措施(方案)，填写《进入受限空间作业许可证》，报生产单位审查、签发。

(3) 硫化氢区域受限空间作业，现场生产负责人针对危害识别结果和风险控制，现场检查合格后填写《硫化氢作业许可证》、《进入受限空间作业许可证》，相关单位负责人现场确认后签发。

(4) 油气生产场所和生产工艺流程中可能产生硫化氢或泄漏的，由班组长人针对危害识别结果和风险控制，现场检查合格，填写《硫化氢作业许可证》，车间(队)负责人现场确认后签发。

### 二、硫化氢防护安全措施的基本要求

安全措施应包括作业人员需要的防护设备、正确地隔离设备、正确的设备和管线的通

风等。

（1）每次进行硫化氢作业前必须组织硫化氢泄漏应急培训和演练。

（2）在受限空间内作业，应设专人监护。

（3）硫化氢监测仪和空气呼吸器等安全设备（设施）检维修，按照相关标准和《HSE 计量监测器具管理规定》执行。

（4）在可能有硫化氢泄漏的工作场所使用的固定式和便携式硫化氢监测仪器。其低位报警点均应设置在 10mg/m$^3$，高位报警点均应设置在 50mg/m$^3$。

（5）现场需要 24h 连续监测硫化氢浓度时，应采用固定式硫化氢监测仪。显示报警盘应设置在控制室，现场硫化氢检测探头的数量和位置按照有关设计规范进行布置。

（6）所使用的监测仪器应经国家有关部门认可，并按技术规范要求定期由有检测资质的部门校验，并将校验结果记录备查。硫化氢检测报警器的安装率、使用率、完好率应达到 100%。

（7）在生产波动、有异味产生、有不明原因的人员昏倒及在隐患部位活动（包括酸性水、瓦斯的逸出部位、排液口、采样口、储罐计量等）时，均应及时检测。

（8）硫化氢浓度超过国家标准或曾发生过硫化氢中毒的作业场所，应作为重点隐患点，进行监控，并建立台账。

（9）可能发生硫化氢泄漏的场所应设置醒目的中文警示标识。发生源多而集中，影响范围较大时，可在地面用黑黄间隔的斑马线表示区域范围。装置高处应设置风向标。

（10）当硫化氢浓度低于 50mg/m$^3$ 时可以使用过滤式防毒用具，在硫化氢浓度大于 50mg/m$^3$ 或发生介质泄漏、浓度不明的区域内应使用隔离式呼吸保护用具，供气装置的空气压缩机应置于上风侧。装置有多种型号过滤式防护用具时应在滤毒罐表面注明适用物质。禁止任何人不佩戴合适的防护器具进入可能发生硫化氢中毒的区域，禁止在有毒区内脱卸防毒用具。

## 三、进行风险辨识，制定安全施工方案

（1）作业人员经过安全技术培训，经考核合格且持持有效证件，特种作业人员还必须持有与工作内容对应的特种作业人员操作证方可上岗。除此之外，还须掌握人工急救、气防用具、照明及通讯工具正确使用方法；在含有和怀疑有硫化氢的环境作业人员必须经过硫化氢防护技术培训并考核合格。

（2）在进入密闭装置（如装有含有危险浓度的硫化氢的储存油气、产出水加工处理设备的厂房）之前要特别小心。人员进入时，应确定不穿戴呼吸保护设备是安全的；或者应穿戴呼吸保护设备；佩戴适用的长管呼吸器具或正压式空气呼吸器，携带安全带（绳索），防爆照明灯具、通信工具及相关保护用品。

（3）进入设备、容器前，应把与设备、容器连通的管线阀门关死，撤掉余压，改用盲板封堵；对含有硫化氢或输送有毒有害介质的管线或设备、容器阻断、置换时，要严防有毒有害气体大量溢出造成事故。

（4）施工作业前必须进行气体采样分析，根据检测结果确定和调整施工方案和安全措施；在硫化氢浓度较高或浓度不清的环境中作业，均采用正压式空气呼吸器。当作业中止超过 30min，需重新采样分析并办理许可手续。

（5）办理进入受限空间作业票，涉及用火、高处、临时用电、试压等特殊作业时，应办

理相应的许可证后，方可作业。

(6) 进入设备、容器作业时间不宜超过30min，在高气温或同时存在高湿度或热辐射的不良气象条件下作业，或在寒冷气象条件下作业时，应适当减低个人作业时间。

(7) 施工中定时强制通风，氧气含量不得低于20%，对可能产生烟尘的作业必须配备长管呼吸器具或正压式空气呼吸器。

(8) 施工过程中严格执行监护制度，安全监护人不得擅离职守，并及时果断制止违章作业；一旦出现异常情况，立即按变更管理程序处理，及时启动应急预案。

(9) 施工中要保持通讯畅通，一旦出现异常情况要正确处置，不得盲目施救；必要时可安排医务人员现场准备应对突发事件。

## 四、装置正常生产检查中硫化氢防护措施

装置正常生产检查中，总要进入一些受限空间。生产装置由于操作的失误，机泵管线设备的腐蚀穿孔或密封不严造成硫化氢等泄漏，会造成中毒伤亡事故。因此，务必遵守如下规定：

(1) 严格工艺纪律，加强平稳操作，防止跑、冒、滴、漏。

(2) 装置内安装固定式的硫化氢报警仪。

(3) 对有硫化氢泄漏的地方要加强通风措施，防止硫化氢积聚，同时加强机泵设备的维护管理，减少泄漏。

(4) 对存有硫化氢物料的容器、管线、阀门等设备，要定期检查更换。

(5) 发现硫化氢浓度高，要先报告，采取一定的防护措施，才能进入现场检查和处理。

## 五、油罐的检查与清理作业硫化氢防护措施

1. 油罐的检查

(1) 严禁在进、出油及调和过程中进行人工检尺、测温及拆装安全附件等作业。

(2) 必要的检查，脱水，操作人员应站在上风向，并有专人监护。

(3) 准备好适合的防毒面具，以便急用。

2. 油罐的清理

在硫化氢危险区内清理油罐时要求至少三个人，两个人进行工作，第三人在远离油罐的安全位置监护。必须准备至少四套自给式呼吸器，进行清理工作的两个人每人一套，监护者一套，一套由监护者保存在安全区域备用。

(1) 由三个人对自给式呼吸器进行事先检查。

(2) 停止所有在下风向的工作并且撤离所有人员。

(3) 监护者处于上风位置，确保能够监护进行工作的两个人。

(4) 关闭油罐的进料阀。

(5) 关闭油罐的出料阀。

(6) 开启排污阀并且用来自单独接头的水冲刷或者用氮气置换或放空。

(7) 停止冲洗，打开阀门，除去杂物并且将湿碎片转移到专用容器内。注意自燃硫化亚铁的影响。

(8) 进行采样分析，合格后进行工作的两个人佩戴呼吸器进入油罐进行清理。

(9) 除去用于本工作的所有设备并且按照废物管理程序处理垃圾。

## 六、进入设备内检修作业硫化氢防护措施

进入设备、容器进行检修，一般都经过吹扫、置换、加盲板、采样分析合格、办理进设备安全作业票才能进入作业。但有些设备在检修前需进入排除残存的油泥、余渣，清理过程中，会散发出硫化氢和油气等有毒有害气体，必须采取下列安全措施：

(1) 制定施工方案。

(2) 作业人员须经过安全技术培训，学会人工急救、防护用具、照明及通讯设备的使用方法。

(3) 佩戴适用的防毒面具，携带安全带(绳)等劳动保护用品。

(4) 进设备前，必须作好采样分析，根据测定结果确定施工中的安全措施。

(5) 进设备容器作业，时间不宜过长，一般最多不超过30min。

(6) 办理安全作业票。

(7) 施工过程必须有专人监护，必要时应有医务人员在场。

## 七、进入下水道(井)、地沟作业硫化氢防护措施

下水道含有硫化氢、瓦斯等有毒有害气体。进入前应注意：

(1) 严禁各种物料的脱水排凝进入下水道。

(2) 严禁在下水道井口10m内动火。

(3) 采用强制通风或自然通风，保证氧含量大于20%。安装临时水泵或堵住上源的水，降低水位。在条件允许的情况下，把作业地段的下水道用沙包两头堵住，安装防爆抽风机，使新鲜空气在管道内流通。

(4) 佩戴适用的防毒面具。

(5) 携带安全带(绳)。

(6) 办理安全作业票。

(7) 进入下水道内作业。井下要设专人监护，并与地面保持密切联系。

## 八、油池的清污作业硫化氢防护措施

油池清理过程中，由于搅拌，大量的有毒有害气体冲上来，严重威胁作业人员的生命安全。因此要采取下列措施：

(1) 下油池清理前，必须用泵把污油、污水抽干净，用高压水冲洗置换。

(2) 采样分析，根据测定结果确定施工方案和安全措施。

(3) 佩戴适用的防毒面具，有专人监护，必要时要携好安全带(绳)。

(4) 办理好安全作业票。

## 九、堵漏、拆卸或安装作业硫化氢防护措施

(1) 严格控制带压作业，应把与其设备容器相通的阀门关死、撤掉余压。

(2) 佩戴适用的防毒面具，有专人监护。

(3) 拆卸法兰螺栓时，在松动之前，不要把螺丝全部拆开，严防有毒气体大量冲出。

## 十、进入事故现场硫化氢防护措施

当中毒事故或泄漏事故发生时，需要人员到事故现场进行抢救处理，这时必须做到：

（1）发现事故应立即呼叫或报告，个人不能贸然去处理。

（2）佩戴适用的防毒面具，有两个以上的人监护。

（3）进入塔、容器、下水道等事故现场，还需携带安全带（绳）。如遇到问题应按联络信号立即撤离现场。

## 第二节　管线解堵作业安全管理

解堵作业是指用水泥车或专用设备（或利用化学药剂）对管线因液体凝固或沉积物造成堵塞的疏通作业，分压力解堵和化学解堵（注水管线酸洗）。不适用于油气井井筒的热洗、清蜡、解堵等作业。

### 一、基本要求

（1）管线解堵作业实行许可管理。易燃易爆或有毒介质的管线解堵作业应办理《管线解堵安全许可证》后，方可作业。

（2）现场作业人员需要经过培训，了解管线解堵、化学制剂等相关知识，掌握操作技能。

（3）解堵用相关设备（设施）应经过检验合格。

（4）严禁用火烧处理冻堵管线。

### 二、危害识别

（1）生产单位应根据作业内容，组织工程技术、安全、作业人员进行危害识别，编制《解堵施工方案》，制定相关程序和防控措施。

（2）化学解堵前，应对要解堵垢进行取样、化学药剂及反应生成物进行分析，如产生有毒有害气体（如硫化氢等）或物质，在施工方案中应制订有毒介质外溢（泄漏）防范控制措施和应急处置程序。

（3）采取分段方式进行解堵时，应制定防范机械伤害和环境污染的控制措施和应急处置程序。

### 三、作业许可

（1）普通管线解堵，由作业队工程技术人员编写《解堵施工方案》，基层队现场负责人审批后实施。

（2）易燃易爆或有毒介质的管线解堵作业，由作业队工程技术人员依据《解堵施工方案》和危害识别结果、作业程序和防控措施，填写《管线解堵安全许可证》，基层队现场负责人现场确认后签发。

（3）地面集输管线除垢解堵的化学处理中，使用盐酸清除硫酸亚铁沉积物，会形成硫化氢气体（在事故案例中有相关介绍），执行《硫化氢作业安全管理规定》。

（4）采取分段方式进行解堵时，应有 HSE 管理部门、专业主管部门对解堵方案现场确认（主要涉及用火作业）。

（5）作业前准备：施工现场负责人应召开现场交底会，对施工作业人员进行技术交底和风险告知。现场 HSE 管理人员及相关人员应对方案的安全措施落实情况进行检查确认，主要包括：

作业现场警示标志设置、隔离区域划分、施工车辆和设备摆放位置、安全通道、采用化学解堵介质取样分析结果、环保措施等。

（6）验证《作业许可证》后由现场负责人组织开工。

## 四、施工过程控制

（1）在泵车开始增压前，应排净连接管线内的空气。

（2）泵车在开始增压时应先用低挡位缓慢增压，逐步用高挡位，当接近被解堵管线设计压力时，应采用低挡位。

（3）增压过程中发现管线压力突然下降应立即停止增压。

（4）操作工不能离开操作平台，根据压力变化及时处理，解堵压力控制在解堵方案规定压力以内。

（5）作业人员不能离开现场，但应在隔离区域外安全地带。

（6）解堵易燃易爆或有毒介质（如硫化氢）的管线时，现场必须配备消防器材和空气呼吸器。

（7）在室内管线上解堵作业时，若发生有毒介质外溢时，要佩戴空气呼吸器进入室内查看，防止发生中毒窒息事故。

（8）夜间解堵作业现场应配备足够的照明设施，施工区域应当有明显警示标志。

## 五、施工后的处置

（1）管线解堵成功后，应将解堵废液用罐车回收拉至污水处理站，处理达标后随油田污水回注。在处理已知或怀疑有硫化氢污染的废液过程中，人员应保持警惕。处理和运输含硫化氢的废液时，应采取预防措施；储运含硫化氢废液的容器应使用抗硫化氢的材料制成，并附上标签。

（2）采用分段方式解堵，恢复生产前，应对解堵管线进行试压，执行《试压作业安全管理规定》。

## 六、容易发生事故的环节

（1）压力设定不当造成次生事故，主要是管线爆裂、憋坏设备、人员受伤的事故和险兆；

（2）管线解通瞬间极易伤人；

（3）化学解堵发生有毒气体逸出造成施工人员中毒事故。

# 第三节　酸化压裂作业安全管理

压裂是指利用各种方式产生高压，作用于储层形成具有一定导流能力的裂缝，可使开发井达到增产（注）目的的工艺措施。

酸化是指将配制好的酸液在高于吸收压力且又低于破裂压力的区间注入地层，借酸的溶蚀作用恢复或者提高近井地带油气层渗透率的工艺措施。

## 一、基本要求

（1）单井施工作业方案应经项目建设方技术负责人审批后，施工单位负责人应对防范控制措施和作业现场条件确认后，签发《酸化压裂作业安全许可证》，方可实施。

（2）作业人员应经过相关知识培训，持证上岗，掌握酸化压裂作业操作技能。

（3）酸化压裂相关设备（设施）应经过检验合格。

## 二、危害识别

（1）项目设计单位（或技术服务方）应向施工单位进行技术交底，明确告知施工过程的危害、风险及需要采取的防护措施。

（2）根据工作任务和项目建设方提供的《地质方案》和《工程方案》，队长（项目经理）组织技术、安全员、参加现场酸化压裂等有关人员，认真开展危害分析，制定防范控制措施，编制单井《HSE 作业指导书》。

## 三、作业许可

（1）现场 HSE 管理人员对应对防范控制措施和作业条件现场检查，填写《酸化压裂作业安全许可证》（目前有两种方式：一是作业队使用《试油、作业开工验收报告》；二是压裂队使用《压裂施工现场管理记录》）。

（2）队长（项目经理）现场确认后，签发《酸化压裂作业安全许可证》。

（3）施工前验收：酸化压裂的开工验收由项目建设方组织，或委托监理单位和施工方共同实施。验收内容应当包括：

① 施工井作业准备；②井口控制装置；③酸化压裂用液配制；④现场摆放；⑤人员持证和装备到位情况等。

## 四、施工现场标准

（1）酸化压裂现场应坚实、平整、无积水，并设置警戒标识，作业区域的出入口应有警示和告知。

（2）施工作业车辆、液罐应摆放在井口上风方向，且与各类电力线路保持安全距离（通常在作业指导书中明确两个集合点，以适应风向变化）。

（3）现场车辆摆放应合理、整齐，保持间距，作业区域内的应急通道应畅通，便于撤离。

（4）地面高压管线应使用钢质直管线，并采取锚定措施；放喷管线应接至储污罐或现场排污池，末端的弯头角度应不小于 120°。

（5）气井放喷管线与采气流程管线应分开，避开车辆设备摆放位置和通过区域。

（6）天然气放喷点火装置应在下风方向，距井口 50m 以外。

（7）储污罐或排污池应设在下风方向，距井口 20m 以外。

（8）压裂施工现场除按常规配备灭火器材和急救药品外，还应安排消防车、急救车现场值勤；消防车宜摆放在能够控制井口的位置。

（9）进入施工作业现场的所有人员应穿戴相应的劳动安全防护用品，并在现场登记表上签到；酸化作业应穿戴专用的防酸服，施工单位应对进入现场的人员进行清点。酸化压裂施工作业时，所有操作人员应坚守岗位，按照现场指挥人员的指令进行操作；设计单位和上级部门的人员经施工单位现场负责人同意后可以进入指挥区域；其他人员不应在作业区域内停留。

（10）酸化压裂施工作业时，所有操作人员应坚守岗位，按照现场指挥人员的指令进行操作；设计单位和上级部门的人员经施工单位现场负责人同意后可以进入指挥区域；其他人员不应在作业区域内停留。

（11）酸化压裂应按设计方案进行，实施变更应当经过原设计单位的现场技术负责人批准；压力、配方等变更应取得原设计单位的文件化变更资料后方可实施。

（12）现场指挥人员应组织有关人员对无绳耳机、送话器等通讯工具进行检查确认，保证现场指令和信息准确传递。

（13）井口装置、压裂和放喷管汇均应按照施工设计进行试压，合格后方可施工。

（14）试压过程中井口、管汇发现的不合格项应在压力释放后进行整改，任何对井口装置、管汇、弯头及其连接部位的紧固操作不应在承压状态下进行。

（15）酸化、酸压施工作业应密闭进行，注酸结束后用替置液将高、低压管汇及泵中残液注入井内。

（16）压裂设备正式启动后，现场高压区域不允许人员穿行；液罐上部人员应位于远离井口一侧的人孔进行液位观察；酸液计量人员应有安全防护措施，其他人员不宜到罐口；台上部分操作人员和其他现场人员均应居于本岗位有利于防护的位置。

（17）施工过程中井口装置、高压管汇、管线等部位发生刺漏，应在停泵、关井、泄压后处理，不应带压作业。

（18）混砂车、液罐供液低压管线发生刺漏，应及时采取整改或防污染措施。

（19）压裂施工不应在当天 16：00 以后开工。

（20）施工过程中发现异常情况应立即向现场指挥人员汇报，按照指令或应急程序操作。

（21）现场其他应急情况依照《HSE 作业指导书》进行处置。

（22）酸化压裂停泵后由施工方组织关井，现场各方应清点人数，现场负责人发出施工结束的指令后，地面人员按照规程依次拆除酸化压裂管汇。

（23）现场相关方的人员撤离应当避开地面人员施工区域；施工车辆撤离现场应有专人指挥。

（24）施工中产生的固体废弃物由酸化压裂队进行回收；大罐中剩余酸化压裂废液回收后送至建设方指定位置进行处理。

（25）施工方对现场恢复后，应告知作业队，由作业队实施下一步工序。

（26）施工单位在完成现场搬迁后，应召开 HSE 讲评会，对施工中存在的不符合项制定改进措施。

## 五、容易发生事故的环节

（1）整个系统连接好后试压环节，易造成人员伤害；

（2）压裂施工高压区的风险造成伤害；

（3）加砂之后突然泄压造成的设备损坏和人员风险；

（4）放射源伤害；

（5）放喷过程中因管汇、人员操作失误引发的风险。

# 第十章　二氧化硫气体的性质与防护

二氧化硫大多产生在燃烧含硫燃料、熔炼硫化矿石、烧制硫黄、制造硫酸和亚硫酸、硫化橡胶、制冷、漂白、消毒、熏蒸杀虫、镁冶炼、石油精炼、某些有机合成等过程中。油井酸化压裂增产作业时，由于酸化压裂液与地层中的含硫矿物发生化学反应而导致二氧化硫的产生。吸入一定浓度的二氧化硫会引起人身伤害甚至死亡，石油作业人员熟悉二氧化硫的特性及防护知识十分必要。

## 第一节　二氧化硫的物化特性

### 一、硫

硫在地球矿物中含量十分丰富，大多以化合物的形式存在。石油和煤的成分里都含有硫，含硫矿物在燃烧时将产生 2 倍于硫重量的二氧化硫。全世界每年排放到大气中的二氧化硫在 1.5 亿吨以上。随之而来的是空气的质量越来越差，产生酸雨，影响人体健康。

固态单质硫本身无毒性，但是当它进入人体后，能与蛋白质反应生成硫化氢，在肠内被部分吸收，大量服用会出现硫化氢中毒症状。硫的粉尘也会引起眼睛结膜炎，对皮肤和呼吸道有刺激作用。为防止固态硫对人体的危害，要求接触固态硫的人员必须戴防护罩和防护眼镜。液态硫的主要危险是燃点低，易形成有毒的二氧化硫和硫化氢，易猛烈燃烧，与皮肤接触会引起剧烈的烫伤。

在 360℃和更高温度条件下硫与氧强烈作用，生成二氧化硫。在约 400℃时硫与氢作用形成硫化氢，温度继续升高时则离解，在 1690℃时完全分解成水和硫。硫与苛性碱液与氨溶液一起加热形成多硫化物或硫代硫酸。硫作为氧化剂和还原剂出现，是化学上很活泼的元素。在适宜的条件下能与除惰性气体、碘、氮气分子以外的元素直接反应，硫容易得到或与其他元素共用两个电子，形成氧化态位-2、+6、+4、+2、+1 的化合物。-2 价的硫具有较强的还原性。

硫是氧族元素的一员，是硫化氢、二氧化硫、硫矿与硫醇的组成成分，是构成生命载体蛋白质的基本元素，决定着蛋白质分子的立体构形，地球硫循环中最活跃的含硫化学物质包括硫氧化物、硫化氢和硫酸亚铁类等。硫对环境的污染主要是硫化物和硫化氢。

### 二、二氧化硫

二氧化硫也称亚硫酸酐，属于无机物，分子式为 $SO_2$，相对分子质量 64.06，常温常压下为具有强烈辛辣窒息性刺激气味的无色有毒气体，熔点为-72.4℃，沸点为-10.0℃，极易液化，气体密度为 3.049kg/$m^3$，与空气的相对密度为 2.264，比空气重，易溶于水（常温下为 1∶40）和油，溶解性随溶液温度升高而降低。易溶于甲醇和乙醇，溶于硫酸、乙酸、氯仿和乙醚等。二氧化硫具有漂白性，能使有色有机质退色，但这种退色是不稳定的。

气味和警示特性为有硫燃烧的刺激性气味，具有窒息作用，在鼻和喉黏膜上形成亚硫酸。易与水混合，生成亚硫酸($H_2SO_3$)，随后转化为硫酸。在室温及392.266~490.3325kPa($4 \sim 5kg/cm^2$)压强下为无色流动液体。

二氧化硫在空气中不燃烧，不助燃。在室温，绝对干燥的$SO_2$反应能力很弱，只有强氧化剂才可将$SO_2$氧化成$SO_3$。常温下，潮湿的$SO_2$与$H_2S$起反应析出硫。在高温及催化剂存在的条件下可被氢还原成为$H_2S$，被一氧化碳还原成为硫。对铜、铁不腐蚀。潮湿时，对金属有腐蚀作用。不能与下列物质共存：卤素或卤素相互间形成的化合物、硝酸锂、金属乙炔化物、金属氧化物、金属、氯酸钾。

## 第二节　二氧化硫的来源及危害

### 一、二氧化硫的来源

二氧化硫主要来源于三个方面，一是天然产生，如含硫燃料的自燃、火山爆发和有机质的天然分解等。二是人为的排放，如含硫矿石的冶炼、硫酸、磷肥等生产的工业废气排放；含硫燃料的燃烧；含硫天然气放空燃烧及净化脱硫厂尾气排放燃烧等排放的二氧化硫。三是石油天然气勘探开发过程中采取增产措施时，所使用的含硫加重材料或地层中含硫矿物，在高温高压酸化条件下，与盐酸反应产生二氧化硫气体。二氧化硫的产生量与含硫材料或含硫矿物的成分有关，即含硫量越高，二氧化硫的产生量也越大。

据估计，地球上全年$SO_2$的发生量超过3亿吨，其中人为排放与天然产生各占一半。污染大气的含硫化合物主要有硫化氢、二氧化硫、三氧化硫、硫酸酸雾及硫酸盐气溶胶等。烟花爆竹的主要成分是硝酸钾、硫黄和木炭，有的还含有氯酸钾。当烟花爆竹点燃时，迅速燃烧，也有二氧化硫产生。煤的含硫量约为0.5%~5%，煤和褐煤约占全世界与能源有关的二氧化硫排放总量的80%，剩余的20%来自石油。石油的含硫量为0.5%~3%，其中绝大部分为可燃性硫化物。硫在燃料中以无机硫化物或有机硫化物的形式存在。无机硫绝大部分以硫化物矿物的形式存在，燃烧时主要生成$SO_2$。

### 二、二氧化硫的危害

二氧化硫的阈限值为$5.4mg/m^3$(2ppm)，立即威胁生命和健康的浓度为$270mg/m^3$(100ppm)。API 68规定15min的短期暴露平均值为$13.5mg/m^3$(5ppm)。

二氧化硫是污染大气的主要有害物质之一。职业性急性二氧化硫中毒，是在生产劳动或其他职业活动中，短时间内接触高浓度二氧化硫气体所引起的，以急性呼吸系统损害为主的全身性疾病。二氧化硫对环境的危害也是极其严重的，浓度低于0.3ppm时即开始对植物产生影响，低浓度长时间(几天或几周)的作用会抑制叶绿素的生长，使叶子慢性损伤而变黄，高浓度短时间作用可造成急性叶损伤。故在排放废气未经处理的硫酸厂或有色金属冶炼厂周围的原野上，往往常年一片枯黄色，其长期污染可使植物无法生长。

废气污染严重破坏自然生态平衡。常常跟大气中的飘尘结合在一起，进入人和其他动物的肺部，或在高空中与水蒸气结合成酸性降水，对人和其他动植物造成危害。

二氧化硫进入大气中会发生氧化反应，形成硫酸、硫酸铵和有机硫化物等酸性气溶胶。反应可在气相、液相和固相表面进行，氧化速率与太阳辐射强度、温度、湿度、氧化剂及催化剂的存在等因素有关。在冬季雾天，二氧化硫能被雾滴中的各种金属杂质和细粒子表面的碳催化转化成硫酸盐和硫酸气溶胶。在夏季晴天，二氧化硫能被光化学反应产生的臭氧等强氧化剂氧化转化成硫酸盐和硫酸盐气溶胶。因此，目前在二氧化硫对环境影响的研究中，将更多的注意力集中于酸性气溶胶和悬浮颗粒物细粒子所起的作用上。二氧化硫气体可以穿窗入室，或渗入建筑物的其他部位，使金属制品或饰物变暗，使织物变脆破裂，使纸张变黄发脆。

大气中 $SO_2$ 主要是通过降水清除或生成硫酸盐微粒后再沉降或被雨水除去，此外，土壤的微生物降解、化学反应、植被和水体的表面吸收等都是大气 $SO_2$ 的去除途径。

二氧化硫气体对人体局部有刺激和腐蚀作用，毒性和盐酸大致相同。人体主要经呼吸道吸收，主要引起不同程度的呼吸道及眼黏膜的刺激症状。二氧化硫进入呼吸道后，因其易溶于水，故大部分被阻滞在上呼吸道，在湿润的黏膜上生成具有腐蚀性的亚硫酸、硫酸和硫酸盐，使刺激作用增强。上呼吸道的平滑肌因有末梢神经感受器，遇刺激就会产生窄缩反应，使气管和支气管的管腔缩小，气道阻力增加。上呼吸道对二氧化硫的这种阻留作用，在一定程度上可减轻二氧化硫对肺部的刺激。但进入血液的二氧化硫仍可通过血液循环抵达肺部产生刺激作用。有的病人可因合并细支气管痉挛而引起急性肺气肿。有的患者出现昏迷、血压下降、休克和呼吸中枢麻痹。个别患者因严重的喉头痉挛而窒息致死。较高浓度的 $SO_2$ 可使肺泡上皮脱落、破裂，引起自发性气胸，导致纵膈气肿。液体 $SO_2$ 可引起皮肤及眼灼伤，溅入眼内可立即引起角膜混浊，浅层细胞坏死或角膜瘢痕。皮肤接触后可呈现灼伤、起泡、肿胀、坏死。

二氧化硫被吸收进入血液，对全身产生毒副作用，它能破坏酶的活力，从而明显地影响碳水化合物及蛋白质的代谢，对肝脏有一定的损害，机体的免疫受到明显抑制。

二氧化硫是具有窒息性气味的气体，低浓度 $SO_2$(10mg/$m^3$ 以下)的危害主要是刺激上呼吸道，较高浓度(100mg/$m^3$ 以上)时会引起深部组织障碍，更高浓度(400mg/$m^3$ 以上)时会致人呼吸困难和死亡。二氧化硫浓度为 10~15ppm 时，呼吸道纤毛运动和黏膜的分泌功能均能受到抑制。浓度达 20ppm 时，引起咳嗽并刺激眼睛。若每天 8h 吸入浓度为 100ppm，支气管和肺部会出现明显的刺激症状，使肺组织受损。浓度达 400ppm 时可使人产生呼吸困难。二氧化硫与飘尘一起被吸入，飘尘气溶胶微粒可把二氧化硫带到肺部使毒性增加 3~4 倍。若飘尘表面吸附金属微粒，在其催化作用下，使二氧化硫氧化为硫酸雾，其刺激作用比二氧化硫增强约 1 倍。长期生活在大气污染的环境中，由于二氧化硫和飘尘的联合作用，可促使肺泡纤维增生。如果增生范围波及广泛，形成纤维性病变，发展下去可使纤维断裂形成肺气肿。二氧化硫可以加强致癌物的致癌作用。

最新研究证实，二氧化硫及其衍生物不仅对呼吸器官有毒理作用，而且对其他多种器官(如脑、心、肝、胃、肠、脾、胸腺、肾、睾丸及骨髓细胞)均有毒理作用，是一种全身性毒物，而且是一种具有多种毒性作用的毒物，成为人体健康的最大“杀手”。患有心脏病和呼吸道疾病的人对这种气体最为敏感，空气中二氧化硫的浓度只有 1ppm 时，人体就会感到胸部有一种被压迫的不适感；当浓度达到 8ppm 时，人体就会感到呼吸困难；当浓度达到 10ppm 时，咽喉纤毛就会排出黏液。刺激人体的眼和鼻黏膜等呼吸器官，引起鼻咽炎、气管炎、支气管炎、肺炎及哮喘病、肺心病等。二氧化硫对人体的影响及危害见表 10-1。

表 10-1　二氧化硫对人体的影响及危害

| 空气中的浓度 | | | |
|---|---|---|---|
| 体积/% | ppm | $mg/m^3$ | 暴露于二氧化硫的典型特性 |
| 0.0001 | 1 | 2.71 | 具有刺激性气味，可引起呼吸的改变 |
| 0.0002 | 2 | 5.42 | 阈限值 |
| 0.0005 | 5 | 13.5 | 灼伤眼睛，刺激呼吸，对嗓子有较小的刺激（注：OSHA15min 内的暴露平均值的极限） |
| 0.0012 | 12 | 32.49 | 刺激嗓子咳嗽、胸腔收缩，流泪和恶心 |
| 0.010 | 100 | 271.00 | 立即对生命和健康产生危险的浓度 |
| 0.015 | 150 | 406.35 | 产生强烈的刺激，只能忍受几分钟 |
| 0.05 | 500 | 1354.50 | 即使吸入一口，就产生窒息感。应立即救治，提供人工呼吸或心肺复苏技术(CPR) |
| 0.10 | 1000 | 2708.99 | 如不立即救治会导致死亡，应马上进行人工呼吸或心肺复苏(CPR) |

## 三、二氧化硫中毒症状

暴露浓度低于 54$mg/m^3$(20ppm)，会引起眼睛、喉、呼吸道的炎症，胸痉挛和恶心。暴露浓度超过 54$mg/m^3$(20ppm)，可引起明显的咳嗽、打喷嚏、眼部刺激和胸痉挛。暴露于 135$mg/m^3$(50ppm)中，会刺激鼻和喉，流鼻涕、咳嗽和反射性支气管缩小，使支气管黏液分泌增加，肺部空气呼吸难度立刻增加(呼吸受阻)。大多数人都不能在这种空气中承受 15min 以上。暴露于高浓度中产生的剧烈的反应不仅包括眼睛发炎、恶心、呕吐、腹痛和喉咙痛，随后还会发生支气管炎和肺炎，甚至几周内身体都很虚弱。

长期接触低浓度二氧化硫，会引起嗅觉、味觉减退、甚至消失，头痛、乏力，牙齿酸蚀，慢性鼻炎，咽炎，气管炎，支气管炎，肺气肿，肺纹理增多，弥漫性肺间质纤维化及免疫功能减退等。

二氧化硫中毒症状分级如下：

(1) 刺激反应　出现流泪，畏光，视物不清，鼻、咽、喉部烧灼感及疼痛、咳嗽等眼结膜和上呼吸道刺激症状，短期内(1~2 天)能恢复正常，体检及 X 线征象无异常。

(2) 轻度中毒　除刺激反应临床表现外，伴有头痛、头晕、恶心、呕吐、乏力等全身症状；眼结合膜、鼻黏膜及咽喉部充血水肿；肺部有明显干性罗音或哮鸣音，胸部 X 线表现为肺纹理增强。

(3) 中度中毒　除轻度中毒临床表现外，尚有声音嘶哑、胸闷、胸骨后疼痛、剧烈咳嗽、痰多、心悸、气短、呼吸困难及上腹部疼痛等；体征有气促、轻度紫绀、两肺有明显湿性罗音；胸部 X 线征象示肺野透明度降低，出现细网和(或)散在斑片状阴影，符合肺间质水肿征象。

(4) 重度中毒　严重者发生支气管炎、肺炎、肺水肿，甚至呼吸中枢麻痹，如当吸入浓度高达 5240$mg/m^3$ 时，立即引起喉痉挛、喉水肿，迅速死亡。液态二氧化硫污染皮肤或溅入眼内，可造成皮肤灼伤和角膜上皮细胞坏死，形成白斑、疤痕。或者出现下列情况之一者，即可诊断为重度中毒：①肺泡肺水肿；②突发呼吸急促，每分钟超过 28 次，血气 $PaO_2$ $<8kPa$，吸入<50%氧时 $PaO_2$ 无改善，且有下降趋势；③合并重度气胸、纵隔气肿；④窒息或昏迷；⑤猝死。

# 第三节　二氧化硫呼吸保护及监测设备

## 一、二氧化硫的保护

1. 呼吸保护设备

施工过程中，应配备正压式空气呼吸器及与空气呼吸器气瓶压力相应的呼吸空气压缩机，呼吸气和呼吸压缩机应有专人管理。当班生产班组及现场其他人员至少应每人配备一套正压式空气呼吸器，另配备一定数量作为公用。海上作业人员应保证100%配备。

2. 检测设备

施工现场在方井、集液灌、钻台及其他二氧化硫可能聚集的区域设置固定式二氧化硫监测仪传感器。便携式二氧化硫监测仪按一个作业班实际人数配备。

## 二、二氧化硫检测仪的使用与维护

下面以 $MJSO_2$ 型二氧化硫测定器为例介绍二氧化硫检测仪的使用和维护方法，如图10-1所示。

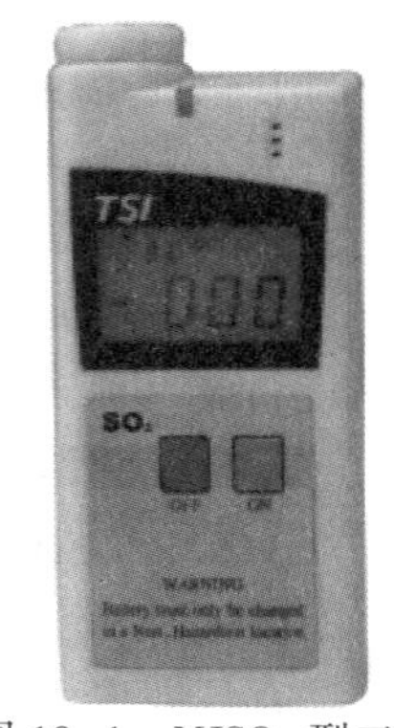

图 10-1　$MJSO_2$ 型二氧化硫测定器

1. 用途

$MJSO_2$ 型二氧化硫测定器检测现场中二氧化硫气体浓度，并可进行声光报警。它具有操作简单明了、体积小、携带方便、精度高、价格便宜等特点。该仪器防爆形式为矿用本质安全型，防爆标志为 ExibI。

2. 测量原理

仪器采用电化学传感器，其结构由电解液中的三个电极构成。即工作电极，对电极和参比电极，施加一定极化电压，使薄膜同外部隔开，被测气体透过此膜到达工作电极，发生氧化还原反应，传感器此时将有一输出电流，此电流与硫化氢浓度成正比关系，这个电流信号经放大后，变换送至模/数转换器，将模拟量转换成数字量，然后通过液晶显示器显示出来。

3. 技术指标

仪器的技术指标如表 10-2 所示。

**表 10-2　仪器的技术指标**

| | | | |
|---|---|---|---|
| 测试气体 | 二氧化硫($SO_2$) | 相对湿度 | 96% |
| 测定原理 | 定电位电解方式 | 传感器使用寿命 | >2 年 |
| 测试范围 | 0~100ppm | 仪器连续工作时间 | >100h |
| 指示精度 | ±10%(真值) | 外形尺寸 | 128mm×56mm×28mm |
| 报警设定值 | 0~50ppm(可调) | 质量 | 200g |
| 分辨率 | 1ppm/0.1ppm | 电池型号 | 9V 6F22ND 型叠层电池一节 |
| 报警声级强度 | >75dB(距蜂鸣器 1m 远处) | 最高开路电压 | 10V |
| 报警光能见度 | >20m(黑暗中) | 仪器工作电流 | <1mA(无报警时) |
| 响应时间 | <40s(流量 50mL/min) | 最大报警电流 | <30mA |
| 工作温度范围 | 0~40℃ | | |

4. 使用方法

(1) 电池的安装与更换

电池的安装与更换应在安全场所进行，当长时间不用仪器时应取出电池。

① 按仪器表面红色按钮(OFF)键，将仪器关机。

② 拧开螺钉，取下电池盖。

③ 取下旧电池，换上新电池，注意电池极性，请不要用力拉扯电池线。

④ 装上电池盖。

⑤ 第一次通电时传感器需要一个极化的过程，约为12h；平常更换电池需要等待几到十几分钟仪器稳定之后方可正常工作，此时仪器会连续报警，这属于正常情况，显示数字将到报警点以下时就不再报警，也可以关机等待一段时间再开机。

(2) 报警点设置

仪器在出厂时，遵照工业环境空气质量标准，报警点设置为2ppm，用户一般无需改变；如果确要改变这个数值，重新设置报警点，操作如下：

① 打开仪器电池盖，并打开仪器前盖，取下电池。

② 将报警拨码开关拨至报警侧，此时液晶显示为报警浓度。

③ 用螺丝刀调节报警电位(W2)，观察液晶显示器使之达到需要设置的报警点。

④ 将报警拨码开关拨至检测侧，此时液晶显示为正常空气中 $SO_2$ 浓度。

⑤ 重新装上前盖、后盖、电池盖，注意闭合严密。

(3) 仪器的调零

在仪器出厂检验时，零点是经过严格校准的，用户无需再校准，如经长时间使用或偶然原因零点电位器变动，需要再次校准，操作如下：

① 检查仪器电池电量是否充足并将仪器置于清洁的空气中(也可使用纯氮标准气)。

② 用小螺丝刀调仪器右边电位器(Z)，观察液晶显示器使显示值为零。

(4) 仪器的校准(标定)

为使仪器能够正常准确地使用，保证仪器基本测量精度，仪器需要定期或不定期进行校准。在使用条件恶劣的情况下，校准周期应缩短，根据 MicroJ 电化学传感器使用指标及精度标准，校准(标定)周期为3个月。校准方法如下：

① 采用由国家计量部门认定单位出厂的标准气体，浓度小于100ppm。

② 安装减压阀及流量计，使用专用仪器传感器罩，流量为250mL/min，空放半分钟使气体流速稳定，将仪器传感器罩罩于仪器前端。

③ 待仪器显示值稳定以后，调整仪器右边(S)校准电位器，使显示值与标准气体浓度相同。

④ 移去仪器传感器罩，校准完毕。

(5) 仪器的维护与修理

本仪器在日常使用中，直接显示环境中二氧化硫气体浓度，显示单位为ppm，并且仪器每隔15s进行一次自检，表示仪器正常工作，当仪器电池电量不足时，会发出间隔为10s的短促声音，液晶显示出现低电池电压报警 LOBAT，此时应该更换电池。当检测浓度低于报警点时仪器会出现声光报警。当第一次更换或长时间不用而更换电池时，仪器也会出现声光报警，此时为传感器必要的极化过程，属正常现象，此时可关机10min，仪器将趋于稳定，报警消失。

（6）仪器常见故障及修理

仪器常见故障及修理如表 10-3 所示。

**表 10-3　仪器的常见故障及修理**

| 故　障 | 原　因 | 措　施 |
| --- | --- | --- |
| 测试不准 | 电池电压不足<br>仪器长时间未校准<br>传感器老化失效 | 更换电池<br>校准仪器<br>更换传感器 |
| 按键不起作用 | 电池电压不足<br>电路故障 | 更换电池<br>送回厂家修理 |
| 报警不止 | 室内被测气体浓度偏低<br>报警点设置不正确<br>电路故障 | 到清新空气中检测<br>重新设置报警点<br>送回厂家修理 |
| 不报警 | 电池电压不足<br>报警点设置不正确<br>电路故障 | 更换电池<br>重新设置报警点<br>送回厂家修理 |
| 显示负值<br>对被测气体无反应 | 零点设置错误或电压不足<br>电池电压不足<br>传感器连线脱落<br>电路故障 | 送厂家修理或更换电池<br>更换电池<br>检查传感器连线<br>送回厂家修理 |

（7）使用注意事项

① 本仪器为精密仪器，不得随便拆卸和重碰、重压，以免损坏或影响测量精度。检修时，请不要更换原电路零部件(包括电池在内)的型号、规格、参数。

② 本机使用 9V 叠层电池一节，正常情况下可以连续工作一个月以上(无声光报警时)。

③ 仪器长时间不使用，请将电池取出，以免电池产生漏液从而损坏仪器，重新装入电池之后，应关掉仪器、等待约半小时以后可正常使用。

④ 仪器的维护应有专人负责、应按规程调校，以保证仪器的使用寿命。请避免阳光下暴晒及浸水。

⑤ 仪器长期工作在高二氧化硫浓度的环境里，例如二氧化硫浓度超过 100ppm，将对传感器寿命产生不利影响。

⑥ 传感器为电化学原理内含酸性溶液，请不要溅到皮肤上。

## 三、二氧化硫的现场防护

（1）施工队伍应持有天然气井工程施工资质，并建立甲方安全主管部门认可的 HSE 管理体系。

（2）凡在可能含有二氧化硫场所工作的人员均应接受二氧化硫防护培训。明确二氧化硫的特性及其危害，明确二氧化硫存在的地区应采取的安全防护措施以及推荐的急救程序。

（3）对工作人员进行现有防护设备的使用训练和防二氧化硫演习。使每个人做到非常熟练地使用防护设备，达到在没有灯光的条件下在 30s 内正确佩戴上正压式空气呼吸器。

（4）在进入怀疑有二氧化硫存在的地区前，应先进行检测，以确定其是否存在及其浓度。监测时要佩戴正压式空气呼吸器。

(5) 当准备在一个被告有二氧化硫可能存在的环境中工作时，作业人员必须对危险情况有全面的思想准备。可以提前准备一个对付紧急情况、及时逃生的方案。例如工作中经常观察风向，最佳逃生通道，报警器的位置，有效呼吸器的存放位置等。

(6) 所有工作人员应明确自身应急程序：如果发生二氧化硫泄漏，必须：

——离开此地；

——打开警报器；

——戴上空气呼吸器；

——抢救中毒者；

——使中毒者苏醒；

——争取医疗救援。

(7) 没有戴上合适的正压式空气呼吸器，切记不要进入二氧化硫可能积聚的封闭区域。而且，只要离开安全区超过一胳膊远的距离，就应戴上有救生绳的安全带。而救生绳的另一端由安全区的人抓着，以便发生意外时，将其拉出危险区。

(8) 对可能遇有二氧化硫的作业场所入口处应有明显、清晰的警示标志：

① 气井处于受控状态，但存在对生命健康的潜在或可能的危险[二氧化硫浓度小于 $5.4mg/m^3$ (2ppm)]，应挂绿牌；

② 对生命健康有影响[二氧化硫浓度 $5.4mg/m^3$ (2ppm) ~ $54mg/m^3$ (20ppm)]，应挂黄牌；

③ 对生命健康有威胁[二氧化硫浓度大于或可能大于 $54mg/m^3$ (20ppm)]，应挂红牌。

(9) 作业过程中遇到的 $SO_2$ 气体大多是施工中作业液与地层中含硫矿物发生化学反应而产生的，因此作业中尽可能使用不与含硫矿物发生化学反应产生二氧化硫的井液处理剂。

(10) 作业过程中排出的二氧化硫气体可用35%的稀氨水、碳酸氢钠或石灰水溶液喷洒降低二氧化硫的浓度。洗井液中如果存有二氧化硫气体可用碱式碳酸锌或石灰粉来处理。

(11) 作业过程中如果有大量的二氧化硫气体通过管线排出时，可让其通过盛有石灰水的容器消除二氧化硫对大气的污染和对人员的危害。

## 四、二氧化硫中毒急救

(1) 迅速将患者移离中毒现场至通风空气新鲜处，松开衣领，静卧、保暖、吸氧，以碳酸氢钠、氨茶碱、地塞米松、抗生素雾化吸入。眼损伤受刺激时，用大量生理盐水，温水或2%碳酸氢钠(即苏打水)彻底冲洗眼结膜囊，滴入醋酸可的松溶液和抗生素，如有角膜损伤者，应由眼科及早处理。

(2) 吸入高浓度二氧化硫后，虽无客观生命特征，但有明显的刺激反应者，应观察48h，并对症治疗。

(3) 注意防治肺水肿，早期、足量、短期应用糖皮质激素。如果呼吸微弱或停止，要进行输氧或人工呼吸。对可能有肺水肿者不能进行人工呼吸，而应给予输氧。需要时可用二甲基硅油消泡剂，必要时气管切开。

(4) 氧疗、防治感染、合理输液、纠正电解质紊乱及抗休克等均与内科治疗原则相同。

(5) 二氧化硫中毒。由于二氧化硫遇水生成硫酸，对呼吸系统有强烈的刺激作用，严重时可能灼伤，应给中毒伤员服牛奶、蜂蜜或用苏打溶液漱口，以减轻刺激。

(6) 其他处理：急性轻、中度中毒者治愈后可恢复工作。重度中毒者或中毒后有持续明显的呼吸系统症状者，应调离刺激性气体作业。

预防措施主要是在生产、运输和使用时应严格按照刺激性气体有害作业要求操作和做好个人防护，可将数层纱布用饱和碳酸氢钠溶液及1%甘油湿润后夹在纱布口罩中，工作前后用2%碳酸氢钠溶液漱口。生产场所应加强通风排毒，空气中二氧化硫浓度不应超过国家规定的允许浓度。有明显呼吸系统及心血管系统疾病者，禁止从事与二氧化硫有关的作业。

# 第十一章　硫化氢事故案例剖析

## 案例一　“12·23”重庆开县硫化氢中毒事故

### 一、事故经过

罗家16H井位于重庆开县高桥镇东面1km处的晓阳村，井场位于小山坳里，井场周围300m范围内散布有60多户农户，最近的距井场不到50m。当地属于盆周山区，道路交通状况很差。罗家16H井是一口布置在丛式井井场上的水平开发井，拟钻采罗家寨飞仙关鲕滩气藏的高含硫天然气，该气藏硫化氢含量7%~10.44%。

2003年12月23日2时52分，罗家16H井钻进至深4049.68m时，因更换钻具，开始正常起钻，21时55分，录井员发现录井仪显示钻井液密度、电导、出口温度异常；烃类组分出现异常，钻井液总体积上涨。泥浆员随即经钻井液导管出口处跑上平台向司钻报告发生井涌，司钻发出井喷警报。司钻停止起钻，下放钻具，准备抢接顶驱关旋塞，但在下放钻具十余米时，发生井喷(21时57分)，顶驱下部起火。通过远程控制台关全闭防喷器，将钻杆压扁，火势减小，没有被完全挤扁的钻杆内喷出的钻井液将顶驱的火熄灭。拟上提顶驱，拉断全封闭以上的钻杆，未成功。启动钻井泵向井筒内环空泵注加重钻井液，因与井筒环空连接的井场放喷管线阀门未关闭，加重钻井液由防喷管线喷出，内喷仍在继续，22时04分左右，井喷完全失控。至24日15时55分左右点火成功。高含硫天然气未点火释放持续了18h左右。经过周密部署和充分准备，现场抢险人员于12月27日成功实施压井，结束了这次特大井喷事故。这次事故造成井场周围居民和井队职工243人死亡，2142人中毒，6万余人疏散转移，经济损失上亿元。

### 二、事故原因分析

1. 直接原因

(1) 起钻前泥浆循环时间严重不足。没有按照规定在起钻前要进行90min泥浆循环，仅循环35min就起钻，没有将井下气体和岩石钻屑全部排出，使起密封作用的泥浆液柱密度降低，影响密封效果。

(2) 长时间停机检修后没有充分循环泥浆即进行起钻。没有排出气侵泥浆，影响泥浆液柱的密度和密封效果。

(3) 起钻过程中没有按规定灌注泥浆。没有遵守每提升3柱钻杆灌满泥浆1次的规定，其中有9次是超过3柱才进行灌浆操作的，最多至提升9柱才进灌浆，造成井下没有足够的泥浆及时填补钻具提升后的空间，减少了泥浆柱的密封作用。

(4) 未能及时发现溢流征兆。当班人员工作疏忽，没有认真观察录井仪，未及时发现泥浆流量变化等溢流征兆。

(5) 卸下钻具中防止井喷的回压阀。有关负责人员违反作业规程，违章指挥卸掉回压阀，致使发生井喷时无法进行控制，导致井喷失控。

（6）未能及时采取放喷管点火，将高浓度硫化氢天然气焚烧处理，造成大量硫化氢喷出扩散，导致人员中毒伤亡。

2. 管理原因

（1）安全生产责任制不落实。该事故的直接原因表现出该井场严重的现场管理不严、违章指挥、违章作业问题。

（2）工程设计有缺陷，审查把关不严。未按照有关安全标准标明井场周围规定区域内居民点等重点项目，没有进行安全评价、审查、对危险因素缺乏分析论证。

（3）事故应急预案不完善。井队没有制定针对社会的“事故应急预案”，没有和当地地方政府建立“事故应急联动体系”和紧急状态联系方法，没有及时向当地政府报告事故、告知组织群众疏散的方向、距离和避险措施，致使地方政府事故应急处理工作陷于被动。

（4）高危作业企业没有对社会进行安全告知。井队没有向当地政府通报生产作业具有的潜在危险、可能发生的事故及危害、事故应急措施和方案，没有向人民群众做有关宣教工作，致使当地政府和人民群众不了解事故可能造成的危害、应急防护常识和避险措施。由于当地政府工作人员和人民群众没有硫化氢中毒和避险防护知识，致使事故损害扩大(如有部分撤离群众就是看到井喷没有发生爆炸和火灾，而自行返回村庄，造成中毒死亡)。

# 案例二　“7·12”某石化公司承包商硫化氢中毒死亡事故

2008年7月11日，某石化公司排水车间在新建斜板隔油装置油泥井的排水管线疏通工作中，发生一起硫化氢中毒人身伤亡事故、事故造成2人死亡。

## 一、事故经过

2008年7月11日，某石化公司排水车间新建斜板隔油装置油泥井的排水管线不通。下午15时30分左右，排水车间设备工程师卢某通知炼油改造项目部监理陈某，要求安排人员疏通。16时30分，陈某打电话给炼化工程公司(某石化公司改制企业)现场负责人王某，要求王某安排正在现场作业的临时工王某某(男，55岁)等进行疏通。

7月12日8时左右，王某某、丁某来到需疏通的油泥井处开始作业。在未办理任何作业手续情况下，王某沿井壁上固定扶梯下到井底，用铁桶清理油泥，丁某在井上用绳索往上提。大约提了十几桶污泥后，发现油泥下面有水泥块，并且有水冒出。王某随即停止作业，爬出井口，并在井口用钢管捣水泥块。

10时20分左右，王某再次沿井壁上固定扶梯下至井内。刚进去就喊往上拉，随即落入井内。丁某赶快叫人。附近作业的炼化工程公司临时工李某、王某某等3人赶来救援。李某赶到后，未采取任何防护措施直接下去救人，也倒在井内。随后王某某用绳索系在腰部下井，刚进去就喊往上拉，被抢救上来后已处于昏迷状态。10时32分左右，公司消防支队接报警后赶到现场。气防人员佩戴防护用具后将王某某、李某2人救出，并送医院抢救。王某、李某因中毒时间过长，经抢救无效死亡。王某某经救治后脱离危险。

## 二、事故原因分析

这是一起严重违章作业责任事故。事故直接原因是作业人员违章作业，在未办理受限空间作业票、未采取任何防护措施情况下，擅自进入井内作业，吸入高浓度硫化氢气体(事后分析，井内气体硫化氢浓度为411ppm)，造成中毒事故；抢救人员缺乏应急救援知识、盲目施救，导致事故扩大。这起事故暴露出该公司项目管理、施工现场安全监督、外来人员安全教育培训等方面存在严重漏洞。

(1) 工程项目管理制度不落实。项目分包较多，管理秩序不清。现场监理人员一个电话就可以安排施工，不开作业票，不进行危害识别，工作随意性强。

(2) 施工现场管理混乱。项目部、工程公司在安排作业任务时，没有对作业人员进行现场安全交底，没有安排现场监督检查。对施工人员不办理相关票证就进入受限空间作业的违章行为，没有及时发现、制止，安全监督不到位。

(3) 排水车间提交工作任务时，没有对进入受限空间作业风险进行提醒，没有进行危害告知，没有提出作业安全要求。对管辖区域内施工作业缺乏监管，没有及时制止作业人员的违章行为。

(4) 外来人员安全教育流于形式。作业人员安全意识淡薄，缺乏应急救援知识，对可能造成的危害认识不足，没有采取防护措施就贸然进入受限空间作业。发生事故时惊慌失措，盲目施救，导致事故扩大。

# 案例三　“8·27”某石化分公司硫化氢泄漏中毒事故

2002年8月27日，某石化分公司炼油厂在对欲拆除的旧烷基化装置槽内的残留反应产物回收过程中，发生一起硫化氢泄漏导致人员中毒的重大事故，造成5人死亡，45人不同程度中毒。

## 一、事故经过

2002年8月，某石化公司决定对炼油厂1998年停产的旧烷基化装置进行拆除。炼油厂烷基化车间为了确保旧烷基化装置的拆除工作安全顺利进行，计划对该装置进行彻底工艺处理。在处理废酸沉降槽(容-7)内残存的反应产物过程中，因该沉降槽抽出线已拆除，无法将物料回抽处理，由装置所在分厂向公司生产处打出报告，申请联系收油单位对槽内的残留反应产物进行回收。

2002年8月27日15时左右，烷基化车间主任张某带领车间管理工程师程某、安全员锁某，协助三联公司污油回收队装车。由于从废酸沉降槽(容-7)人孔处用蒸汽往复泵不上量，张某等三人决定从废酸沉降槽(容-7)底部抽油。在废酸沉降槽(容-7)放空管线试通过程中，违反含硫污水系统严禁排放废酸性物料的规定，利用地下风压罐的顶部放空线将废酸沉降槽中的部分酸性废油排入含硫污水系统。酸性废油中的硫酸与含硫污水中的硫化钠反应产生了高浓度硫化氢气体，硫化氢气体通过与含硫污水系统相连的观察井口溢出。

8月27日17时10分，在该石化公司炼油厂北围墙外西固区环形东路长约40m范围内，有行人和机动车司机共50人出现中毒现象。17时15分，某石油化工公司总医院急救车到达现场将受伤人员送往医院抢救。其中4名受伤人员在送往医院途中死亡，1名受伤人员于

9月1日经抢救无效死亡，45人不同程度的中毒，经济损失达250多万元。

## 二、事故原因分析

1. 直接原因

烷基化车间在对废酸沉降槽进行工艺处理过程中，由于蒸汽往复泵不上量，决定从废酸沉降槽(容-7)底部抽油，在废酸沉降槽(容-7)放空管线试通过程中，违反含硫污水系统严禁排放废酸性物料的规定，将含酸废油直接排入含硫污水管线，酸性废油中的硫酸与含硫污水中的硫化钠反应产生了高浓度硫化氢气体，硫化氢气体通过与含硫污水系统相连的观察井口溢出。

2. 间接原因

(1) 公司在报废装置管理、员工培训和制度执行、安全环保隐患治理等方面存在严重问题。

(2) 部分管理干部安全素质不高，对作业变更后方案的危害认识不足，车间管理人员违章指挥，鲁莽行事，贪图便捷；

(3) 操作人员对含酸废油排入含硫污水系统会产生硫化氢的常识不清楚，业务技术不过关。

# 案例四　“10·12”某油田井下作业公司硫化氢中毒事故

2005年10月12日，某油田井下作业公司第三修井分公司306队在小集油田小6-3井进行除垢作业前的配液过程中，发生重大硫化氢中毒事故，导致3人死亡，1人受伤。

## 一、事故经过

2005年10月5日，第三修井分公司306队搬上小6-3注水井进行换管柱作业。在起井下管柱过程中，油管断裂，经三次冲洗打捞，捞出油管161根，打捞深度为1521m。但由于井内结垢严重，无法继续进行打捞作业，于12日上午向甲方进行汇报，甲方决定先进行除垢作业，再进行打捞，同时下发《设计变更通知书》。

第三修井分公司生产技术部门接到通知单后，组织技术人员编写施工设计，经逐级审核、审批后，交作业队组织实施。

10月12日下午，306队技术员委某按照设计要求对施工作业人员进行技术交底，之后，副队长温某带领职工陈某、任某、吕某到现场将储液罐内的污水用罐车倒走，用铁锹对罐底淤泥进行简单清理，并把40袋(每袋25kg)除垢剂搬运到储液罐罐顶平台上(平台面积不足4m$^2$)，四人站到罐顶平台上向罐内倒除垢剂。19时50分左右，当倒至第24袋时，罐上4人突然晕倒，温某、陈某、任某3人掉入罐内，吕某倒在罐顶上。现场的泵车司机江某、泵工张某、罐车司机杨某、王某发现后，立即把晕倒在罐顶上的职工吕某抬到安全地带进行抢救。在试图抢救掉入罐内的3人时，感觉空气中有难闻气味，怀疑存在有毒有害气体，未贸然入罐抢救。

杨某立即用电话将事故及现场情况通知给第三修井分公司应急办公室，其他人员向该井附近的305队求救，305队职工周某、胡某赶到现场，与现场其他人员一起控制现场。第三修井分公司经理冯振山接到通知后立即下达应急抢险指令，20时20分抢险人员到达现场，佩戴正压呼吸器后进行抢救，将罐内3人救出，经抢救无效死亡。

## 二、事故原因分析

1. 直接原因

该井井下返出残泥中所含硫化亚铁与除垢剂主要成分氨基磺酸发生化学反应，产生大量硫化氢气体导致人员中毒。

2. 间接原因

（1）配液罐没有清理干净。配液前，尽管现场人员将罐内的残液倒走，并用铁锹对罐底的淤泥进行清理，但由于没有明确规定谁负责清理、按什么程序清理、清理到什么程度，致使罐底的淤泥没有被彻底清理干净，仍残留含有硫化亚铁的黑色泥状物，当与除垢剂中的氨基磺酸接触后，发生化学反应，产生硫化氢；

（2）配液罐结构不合理。此配液罐底面焊有三道加强筋，凸起底面10cm，且只有一个排放口，致使部分残液无法排除，罐内残留部分含有硫化亚铁的黑色泥状物。罐顶仅有不足$4m^2$的工作面，面积小且未安装防人员坠落设施，致使人员昏倒后掉入罐内；

（3）现场环境不利于有毒气体扩散。事故发生时，天气阴沉、空气潮湿、无风、空气比重较大，罐内产生的硫化氢气体在罐口不易扩散，导致浓度急剧增高，作业人员在短时间内中毒晕倒。

3. 管理原因

（1）风险识别不全面。尽管该公司定期组织开展风险识别工作，但由于该工艺已经使用10年，每年作业80余井次，从未发生类似事故，因此，对成熟工艺没有引起足够的重视，没有识别出配液作业会产生硫化氢的风险；

（2）规章制度不落实。该公司制定的《井场配置修井液质量控制办法》、《井下小修作业指导书》和《施工设计书》等，明确规定配液作业前要将配液罐清理干净，以确保符合质量要求，但作业人员没有认真执行；

（3）培训教育不到位。尽管该队作业人员全面经过操作规程、安全基础知识、岗位风险以及防范措施、应急措施等方面培训，但人员对相关硫化氢中毒的知识掌握不够，且配液作业前没有进行防硫化氢中毒知识的教育，致使员工缺乏风险意识，对硫化氢产生初期的异味，没有引起警觉，并及时采取避险措施。

# 案例五　“5·11”某石化公司硫化氢中毒事故

2007年5月11日，某石化公司炼油厂加氢精制联合车间柴油加氢精制装置在停工过程中，发生一起硫化氢中毒事故，造成5人中毒，其中2人在中毒后从高处坠落。

## 一、事故经过

2007年5月11日，该石化公司炼油厂加氢精制联合车间对柴油加氢装置进行停工检修。14：50，停反应系统新氢压缩机，切断新氢进装置新氢罐边界阀，准备在阀后加装盲板（该阀位于管廊上，距地面4.3米）。15：30，对新氢罐进行泄压。18：30，新氢罐压力上升，再次对新氢罐进行泄压。18：50，检修施工作业班长带领四名施工人员来到现场，检修施工作业班长和车间一名岗位人员在地面监护。19：15，作业人员在松开全部八颗螺栓后拆下上部两颗螺栓，突然有气流喷出，在下风侧的一名作业人员随即昏倒在管廊上，其他作业人员立即进行施救。一名作业人员在摘除安全带施救过程中，昏倒后从管廊缝隙中坠落。两名监护人员立刻前往车间呼救，车间一名工艺技术员和两名操作工立刻赶到现场施救，工艺技术员在施救过程中中毒从脚手架坠地，两名操作工也先后中毒。其他赶来的施救人员佩戴空气呼吸器爬上管廊将中毒人员抢救到地面，送往石化职工医院抢救。

## 二、事故原因分析

(1)当拆开新氢罐边界阀法兰和大气相通后，与低压瓦斯放空分液罐相连的新氢罐底部排液阀门没有关严或阀门内漏，造成高含硫化氢的低压瓦斯进入新氢罐，从断开的法兰处排出，造成作业人员和施救人员中毒。

(2)基层单位安全意识不强，在出现新氢罐压力升高的异常情况后，没有按生产受控程序进行检查确认，就盲目安排作业；

(3)施工人员在施工作业危害辨识不够的情况下，盲目作业；

(4)施救人员在没有采取任何防范措施的情况下，盲目应急救援，造成次生人员伤害和事故后果扩大。

(5)公司在安全管理上存在薄弱环节，生产受控管理还有漏洞，对防范硫化氢中毒事故重视不够，措施不力。

# 案例六　某造纸厂硫化氢中毒事故

1999 年 1 月广东东莞市一造纸厂发生一起因工人严重违反操作规程和缺乏救助常识而导致 10 人中毒，其中 4 人死亡的重大伤害事故。

## 一、事故经过

1999 年 1 月，按照惯例，工人于早上 7 点停机，并向浆渣池中灌水、排水的工序后，8 点左右有 2 名工人下池清理浆池，当即晕到在池中。在场工人在没有通知厂领导的情况，擅自下池救人，先后有 6 人因救人相断晕倒池中，另有 2 人在救人过程中突感不适被人救出。至此，已有 10 人中毒。厂领导赶到后，立即组织抢救，经向池中加氧、用风扇往池中送风后，方将中毒者全部用绳子接出池来。由于本次中毒发生快，中毒深，病情严重，10 例病人在送往医院后，已有 6 例心跳和呼吸停止，虽经多方努力抢救，至当日下午 4 时 20 分，仍有 4 人死亡。

## 二、事故原因分析

(1) 浆池外型似一倒扣的半球状体，顶部有一 40cm×60cm 洞口，工人利用竹梯从洞口进出硫化氢含量为 $55mg/m^3$ 的清洗池，而导致急性重度硫化氢中毒。

(2) 浆池硫化氢产生的原因

造纸的过程中，使用大量的含硫化学物质，通常情况下，由硫化氢引起的职业危害多发生在蒸煮、制浆和洗涤漂白过程中，如果含硫的废渣、废水长时间存放在浆池中，再加上含硫有机物的腐败，就会释放大量的硫化氢气体，由于比重较大而沉积于浆池的底部。

(3) 工人严重违反损伤规程

硫化氢是一种剧毒的窒息性气体，在没有良好通风和个人防护的情况下，是绝对不能进入高浓度硫化氢环境工作的。但本次清洗浆池前，水仅灌注了四分之一，且工人在没有对池内进行通风处理的情况下就下池清洗，随后一连串的救人更是在没有任何通风和保护的情况下进行的。

(4) 缺乏安全及应急措施

用于鼓风的排污口处却没有鼓风机，连电源插座都找不到，清洗浆渣池时，没有任何的个人防护用具(气防器具)，甚至连一根求助的绳子都没有，更没有发生事故时的抢救设备。

(5) 缺乏劳动安全卫生意识，管理混乱

厂方有关安全规章制度不健全，厂里没有安全监督员负责对整个安全程序进行监督，以便做到及早发现，及早预防。

(6) 缺乏必要的防毒急救安全知识教育

本次中毒的 10 位工人，在该厂工作 1~5 年，却从未进行过有关的安全卫生培训和教育，不知道制浆过程中存在哪些对人体有害的化学物质，对人体能造成哪些伤害，也不知预防措施，更不知发生紧急情况如何救治。

# 案例七　“3 · 22”温泉 4 井硫化氢串层中毒事故

1998 年 3 月 22 日 17 时，温泉 4 井(气井)钻井至 1869m 左右时，发生溢流显示，关井后在准备压井泥浆及堵漏过程中，3 月 23 日凌晨 5 时 40 分左右，天然气通过煤矿采动裂隙自然窜入井场附近的四川省开江翰田坝煤矿和乡镇小煤矿，导致在乡镇小煤矿内作业的矿工死亡 11 人，中毒 13 人，烧伤 1 人的特大事故。

## 一、事故经过

温泉 4 井(气井)是某钻探公司 6020 队在温泉井构造西段下盘石炭系构造高点上钻的一口探井，设计井深 4650m，钻探目的层是石炭系。在香溪—嘉三(609.5~1747m)段用密度为 1.07~1.14g/cm$^3$ 的泥浆钻井，在钻进过程中，发生多次井漏，漏速范围在 2.5~30m$^3$/h，累计漏失钻井液 473.6m$^3$、桥塞钻井液 105.8m$^3$。3 月 18 日，用密度为 1.09g/cm$^3$ 的泥浆钻至井深 1835.9m 时，井口微涌，录井参数无明显变化，集气点火不燃，钻时略有波动，将泥浆密度由 1.09 提到 1.14g/cm$^3$ 井漏，漏速 2~8m$^3$/h，钻进中见微弱后效显示，岩性为云岩。3 月 22 日 17 时 35 分，钻至井深 1869.60m 时发生井涌，液面上涨 5m$^3$，钻井液密度由 1.13 降到 1.11g/cm$^3$，涌势猛烈，17 时 40 分关井，至 3 月 23 日 7 时 02 分关井观察，立压由 0 升至 8.5MPa，套压由 0 升至 7.9MPa；8 时 40 分点火放喷，10 时 46 分~12 时 15 分反注密度为 1.45g/cm$^3$ 的桥塞钻井液 30m$^3$；13 时压井无效关井。3 月 24 日 3 时 50 分点火放喷，喷出物中有硫化氢存在，由于套管下得浅，裸眼长、漏层多，不得不进行间断放喷。至 25 日 3 时 10 分，放喷橘红色火焰高 7~15m，做压井准备工作。3 月 26 日 8 时，水泥车管线试压 20MPa，用泥浆泵注清水 6m$^3$，泵压由 7.9MPa 升至 16MPa，正循环不通，用泥浆泵注清水间断憋压仍不通，卸方钻杆抢接下旋塞、回压凡尔和憋压三通，用一台 700 型压裂车向钻具内间断正憋清水 3.6m$^3$，泵压由 0 到 20MPa 再到 0，在以后憋压的同时开放喷管线放喷，喷势猛，其中 17 时 55 分~18 时 30 分出口见较多液体喷出，并听见放喷管线内有岩屑撞击声。因为钻具内不通，决定射开钻具，建立循环通道，为压井创造条件。在井深

1693.7~1689.93m段钻具内用41发51型射孔弹射开钻杆。出口喷势忽弱忽强。因泥浆排量和总量不够，压井未成功。

3月29日用3台水泥车向钻具内注清水$54m^3$、用两台泥浆泵和一台986水泥车正注密度为$1.80g/cm^3$的泥浆$158m^3$、喷势减弱，关两条放喷管线；注浓度10%、密度为$1.45g/cm^3$的桥浆$55m^3$和密度为$1.80g/cm^3$的泥浆$82m^3$、喷势继续减弱，但无泥浆返出。用5台水泥车注快干水泥180t，出口喷纯气，火势减弱，用两台986水泥车正替清水$14m^3$，出口已无喷势，关放喷管线。用水泥车反灌桥浆$19m^3$。后经10次反注(灌)浓度桥浆$62.22m^3$堵漏。至4月3日8时关井观察，立压、套压均为零，事故解除。

事故损失时间254h，在压井处理过程中，含硫天然气(含硫0.379~0.539$g/m^3$)窜到附近煤窑内，致使其中采煤的民工11名死亡，1人烧伤，13人中毒。

## 二、事故原因及教训

（1）在勘定井位时，应对诸如煤矿等采掘地下资源的工作场所进行详细了解、标定，并制定详细的、可行的防范措施，以避免出现本井事故的连带事故。

（2）在对所钻地层特别是碳酸盐岩地层还没有完全认识以前，钻井工程设计充满着不确定性和风险性，在施工中要根据地下情况的变化及时做出相应的设计调整。本井若能在第一次溢流显示后就把$\phi$244.5mm套管提前下入，可能就不会出现溢流关井后造成地下井喷从而导致地面被迫放喷的复杂局面。本井产层以上大段裸眼至少有三个漏层，在漏层没有得到根治的前提下钻开产层后果当然是严重的。

# 案例八　“3·24”山东某石油化工分公司硫化氢泄漏事故

2007年3月24日20时30分许，山东某石油化工分公司轻油罐区发生硫化氢泄漏，造成正在催化罐区施工的山东某安装工程有限公司职工2人死亡，3人中毒。

## 一、事故经过

2007年3月24日，山东某安装工程有限公司施工人员在山东某石油化工分公司80万t/a催裂化罐区泵房南侧空地上进行梯子、平台预制、焊接作业。20时20分左右准备收工时，在现场施工的5名职工先后中毒晕倒。经抢救，3人脱离生命危险，2人抢救无效死亡。搜救人员用仪器检测时发现轻油罐区G-4210罐周围硫化氢浓度超过200ppm，轻油罐区与催化罐区之间的道路上硫化氢浓度也超过了80ppm。

## 二、事故原因分析

1. 直接原因

公司轻油罐区G-4210罐内硫化氢等有毒有害气体从加氢原料中大量挥发，并通过罐上部呼吸孔散发到山东某安装工程有限公司施工现场，导致施工人员中毒。

2. 间接原因

（1）公司现场管理不严，长期存在安全隐患，安全生产管理制度不落实；

（2）公司安全教育培训不力，现场施工人员普遍缺乏硫化氢中毒防护知识；

（3）施工现场缺少安全防护器材。

## 案例九　“1·1”山西省太原某化工有限公司硫化氢中毒事故

2008年1月1日，山西省太原市某化工有限公司发生硫化氢中毒事故，造成3人死亡。

### 一、事故经过

某化工有限公司为从事煤焦油加工的危险化学品生产企业，主要产品为工业萘、沥青等。事发前，该企业因环保原因，已长期处在半停产状态，拟进行搬迁，仅有少部分管理人员和工人在岗，负责设备维护和检修。为拆迁做准备，1月1日，该公司的焦油加工车间组织清理燃料油中间储罐，该储罐是一个长7.1m、直径2.3m的卧式罐。16时许，在没有对作业储罐进行隔离，也没有对罐内有毒、有害气体和氧气含量进行分析的情况下，一名负责清理的工人仅佩戴过滤式防毒口罩（非隔离式防护用品）就进入燃料油中间储罐进行清罐作业，进罐后即中毒晕倒。负责监护的工人和附近另外一名工人盲目施救，没有佩戴任何安全防护用品就相继进入罐内救人，也中毒晕倒。3人救出后抢救无效死亡。事后（4日），从与发生事故储罐相连的两个产品储罐取样分析，硫化氢含量分别高达为56ppm和30ppm。

### 二、事故原因分析

（1）作业人员在清理储罐时，未将燃料油中间储罐与其他储罐隔离，未按照安全作业规程进行吹扫、置换、通风，未对罐内有毒、有害气体和氧含量进行检测。

（2）使用安全防护用品错误，存在有毒、有害气体作业时应使用隔离式防护用品，造成硫化氢中毒。

（3）现场人员盲目施救，施救人员没有佩戴安全防护用品的情况下进罐救人，造成伤亡扩大。

（4）公司安全管理严重不到位，虽然制定了进入密闭空间作业的安全规定，但不执行；不能正确使用防护用品；在没有对作业储罐进行有毒、有害气体和氧含量检测分析，没有采取有效的防护措施的情况下，违章进入危险作业场所作业，导致事故发生。

## 案例十　“1·9”重庆某化学原料有限公司硫化氢中毒窒息事故

2008年1月9日，重庆市某化学原料有限公司发生中毒窒息事故，造成5人死亡、13人中毒（其中3人重伤）。

### 一、事故经过

该化学原料有限公司主要生产、销售软磁铁氧体及其制品。发生事故的车间为该公司铁氧体颗粒生产车间。1月9日，该公司在铁氧体颗粒生产厂房内进行菱锰矿和稀硫酸反应的中间试验。14时许，2名工人下到循环水池边去关闭反应罐底阀时中毒窒息晕倒，落入1.6m深的循环水池。周边工人在未佩戴任何个人防护用品的情况下，相继进入循环水池施救也中毒窒息晕倒，事故共造成3名工人当场死亡，2名工人因抢救无效死亡，11人轻伤，3人重伤。

## 二、事故原因分析

（1）中试试验中菱锰矿和稀硫酸反应生成的含有硫化氢的二氧化碳气体从反应罐进料口和搅拌器连接口逸出，在反应罐下部的循环水系统集聚。操作工人下到循环水池边去关闭反应罐底阀时，中毒窒息晕倒。

（2）企业安全意识差，对进行的中间试验没有进行危险有害因素辨识，对中试产生的气体组成和危害缺乏认识，没有采取必要的通风措施。

（3）安全培训不到位，从业人员安全意识差。

（4）工人缺乏应急救援知识，施救人员没有采取任何防护措施的情况下，盲目施救，造成伤亡扩大。

# 案例十一　“5·31”青岛某宾馆重大硫化氢中毒事故

2002年5月31日8时30分，青岛市某宾馆在组织维修工疏通污水管道时，发生硫化氢气体中毒事故，造成3人中毒死亡。

## 一、事故经过

5月29日，热电燃气总公司工作人员通知因该宾馆污水管道堵塞，污水渗入地下热力管道道沟，要求立即予以疏通。5月30日下午16时左右，宾馆副总经理徐某请示主持宾馆工作的副总经理相某同意后，安排宾馆维修工宋某联系以前给宾馆疏通过污水管道的人来疏通，宋联系好后向徐进行了汇报。5月31日8时30分左右，宋某、李某、邵某3人来到宾馆西北角的污水检查井旁，李某和宋某先后下到污水检查井内，均因吸入有毒气体昏倒在井底，邵某见状急忙呼救，宾馆职工立即设法营救和拨打电话110、119、120报警。邵某救人心切，不听他人劝阻，在下井过程中吸入有毒气体昏迷而跌入井底。当地巡警、消防大队的干警接报后迅速赶到现场，消防队员戴防护面具下井将3人抬出。医务人员立即在现场对中毒人员进行抢救，至上午9时，确认3人抢救无效死亡。《急性中毒事故调查报告》、《尸体检验报告》、《抢救经过报告》。宋某、李某、邵某3人均为吸入高浓度的硫化氢气体中毒死亡。

## 二、事故原因分析

1. 直接原因

宋某、李某、邵某3人缺乏疏通污水管道作业的安全知识，安全观念淡薄，未采取任何防范措施，冒险进入危险场所。

2. 间接原因

（1）宾馆安排疏通污水管道工作时，没交待安全注意事项和采取必要的安全保障措施，未按规定对职工进行相应的安全教育和培训；

（2）非法个体业户业主李某长期从事疏通污水管道作业，在从事疏通污水管道作业的过程中，未向工人传授有关安全知识、交待安全注意事项和提供必要的防护用具；

(3) 疏通污水管道的人员缺乏预防硫化氢中毒的安全知识，未采取必要的防范措施。

# 案例十二　“9 · 1”扬州硫化氢中毒事故

2007 年 9 月 1 日，江苏省扬州市宝应县某公司组织工人清理藕制品的腌制池时，1 人硫化氢中毒后，8 人盲目参与施救，最终造成 6 人死亡、3 人重伤。

## 一、事故经过

该有限公司是一家乡镇企业，主要生产藕腌制品。2007 年 9 月 1 日前，该企业已经停产 3 个多月。为恢复生产，需对腌制池进行清理。腌制池位于玻璃钢顶的厂房内、敞口。腌制池深 3.2m、长和宽各 4m，池内盐水深 0.3m。9 月 1 日 16 时左右，公司的 1 名工人下到腌制池进行清理作业时，感觉不适，于是停止作业，在向池上爬的途中摔下。池边的另外 1 人发现后，立即呼救，随后相继有 8 人下池施救中毒。事故发生后，经取样检测，腌制池内硫化氢气体浓度达 $24mg/m^3$(空气中最大允许浓度是 $10mg/m^3$)。最终造成 6 人死亡、3 人重伤。

## 二、事故原因分析

这是一起因盲目施救造成伤亡扩大的严重事故。事故主要原因有：

(1) 池中有机物腐败变质产生大量硫化氢和氨气等有毒气体引起作业工人电击样死亡的中毒事故。腌制池底的盐液等残留物在夏季高温期间产生的硫化氢气体沉积在池内，浓度超标准。

(2) 公司在组织工人清理腌制池前，没有进行有害气体检测，现场也没有有毒有害气体检测设备；

(3) 公司在清理过程中，没有采取强制通风措施，只靠自然通风；

(4) 作业人员没有佩戴防护用具，没有配备便携式有毒有害气体报警仪；

(5) 8 名施救人员也没有佩戴防护用具，冒险施救，造成伤亡扩大。

# 案例十三　“9 · 28”赵县硫化氢中毒事故

1993 年 9 月 28 日 15 时，位于河北省石家庄市附近赵县的某油田一口预探井(编号为赵 48 井)，在试油射孔作业中发生井喷，地层中大量硫化氢气体随着喷出井口，毒气扩散面积达 10 个乡镇 80 余个村庄。造成 7 人死亡，24 人中等中毒，440 余人轻度中毒，附近村民 22.6 万人被紧急疏散。

## 一、事故经过

赵 48 井位于河北省石家庄市赵县各子乡宋城村北约 700m 处，是一口预探井，在钻探中见到了良好的含油显示，为搞清地下情况，决定对该井进行逐层试油。1993 年 9 月 28 日下午，油田井下作业公司物理站射孔一队对该油井进行射孔，10min 后引爆射孔弹。在开始上提电缆时，井口发生外溢，外溢量逐渐增大，溢出的水中有气泡。当电缆全部从井提出后，作业队副队长李某立即带领当班的 5 名工人抢装事先备好的总闸门。在准备关闭套管闸门时，因有硫化氢气体随同压井液、轻质油及天然气一同喷出，使现场一名工人中毒昏迷。其他人员迅速将这名工人抬离现场，当其他人再想返回时，终因喷出的硫化气浓度加大，工人们不得不从井口撤离。撤出井场后，李某及时向上级汇报并通知村民转移。

从28日夜至29日上午，抢险指挥部组织专家深入空地考察，制定抢险方案，筹备抢险设备、机具。29日上午，由石油天然气总公司钻井局16人抢险小分队佩戴防毒面具接近井口，在当地驻军防化兵和井烃煤矿抢险队的支援下，华北油田5名抢险队员关闭了井口左右两翼套管闸门。9点20分，抢险队完全控制了井喷，从井喷到控制井喷历时18个小时。事故中，毒气扩散面积达10余个乡镇，造成7人死亡，24人中度中毒，440余人轻度中毒，当地附近村民22.6万人被迫紧急疏散。

## 二、事故原因分析

（1）试油作业时对该井含有硫化氢没有预见；

（2）作业队执行制度不严；

（3）没有严格按照设计要求组织施工。

# 案例十四　硫化氢腐蚀钻具断落事故

## 一、事故经过

某井位于四川省宣汉县境内，设计井深4840m，于2006年4月8日下防硫技术套管固井，安装105MPa的防硫井控系统，4月23日三开钻进，钻至井深3941.10m，7月24日下取芯筒准备再次取芯时发生卡钻。卡钻后，注入解卡剂活动钻具解卡，并倒出一根钻杆。在随后循环排解卡液时发生溢流，随后关井，在关井过程中，因高含硫化氢气体涌入井内，导致钻杆氢脆断落，井场弥漫着高浓度硫化氢气体。其间通过点火排除硫化氢，火焰高达30m。7月31日压井成功，起出钻具1011.75m，进入打捞阶段。

## 二、事故应急处理情况

（1）及时启动应急预案。事故发生后，井队施工人员立即启动四级井控防硫化氢应急预案，佩戴好空气呼吸器，并向有关部门报告，同时组织人员对周围300m内的18户居民共计67人进行疏散，随后进行防喷点火、加重压井、节流循环排气等处理措施，及时、有效地控制住了井口。

（2）成立了井下复杂情况处置领导小组。事故发生后，集团公司、滇黔贵石油局、南方分公司等单位的领导和专家及时赶到现场，成立了某井井下事故处理领导小组，及时部署抢险方案，制定了《某井复杂情况处理应急方案》，进行抢险施工作业。7月28日，取得了压井成功，没有造成人员伤亡事故，有效地防止了事态的进一步扩大。

## 三、事故原因

（1）气层硫化氢含量高。由于地层较深，硫化氢含量相当高，在取芯时经便携式硫化氢监测仪检测硫化氢含量高达1000ppm。当产层气体外溢时，对井内钻具造成了致命的伤害，钻具在受力作用下迅速发生氢脆断裂，使事故恶化。

（2）气层活跃。本井产层井断长，岩性发育好，气层活跃，当注入解卡剂后，泥饼遭到破坏，虽然当时密度能平衡地层压力，但是井壁孔隙通道被打开，在泥浆近平衡状态下地层流体大量进入井筒，在循环排出解卡剂时诱导了溢流的发生。

（3）地层复杂。产层位置地层复杂，钻井液密度稍高就容易发生井漏，密度稍低就发生井涌，调节范围小，稍有不慎便会导致事故发生。

（4）钻具不配套，没按设计要求使用抗硫钻具。

### 四、事故教训

（1）必须进一步加强对硫化氢危害的认识。在钻井过程中对硫化氢侵蚀钻具的后果没有实际感性认识，对深层次的危害缺乏认识。而在本次事故中，从发生溢流到钻具氢脆断裂，只有短短的1h，通过这次事故，必须充分认识到硫化氢对钻具危害的严重性。

（2）要进一步落实应急预案，加强实战演练。井涌发生后，井场上弥漫着硫化氢气体，在防喷点火中也有部分气体从防喷管线内窜出。由于及时启动应急预案，组织事故抢险、疏散井场周边的居民，因而未造成人员伤亡，充分体现了应急预案以及演练工作的重要性。

（3）继续增加安全投入。川东北地区地层含硫量较大，要克服硫化氢危害，需要采取多种防范措施，在以后的生产中需要进一步增加防硫化氢资金的投入，并在设计时指出有效的防硫措施，钻井队施工时应严格遵守设计。

## 案例十五　洗井过程中硫化氢中毒事故

### 一、事故经过

2005年10月12日晚上，某油田修井人员在对沧县境内的一口油井进行洗井作业时，突发硫化氢中毒事故。事故造成3人死亡，包括附近村民在内的15人送医院救治。工人洗井时所使用的除垢剂与油井里的一些物质混合后，产生硫化氢气体。硫化氢中毒是此次事故中工人伤亡的主要原因。当时，工人一边用泵车从油井内向方型罐内打水，一边搀入除垢剂等化学品，混合后，产生大量的硫化氢气体。

### 二、事故教训

（1）作业人员缺乏硫化氢防护知识，对有害气体危害的严重性认识不足。重点要突出岗位安全生产培训，使每个职工都能熟悉了解本岗位的职业危害因素、防护技术及救护知识，教育职工正确使用个体防护用品，教育职工遵章守纪。

（2）洗井时所使用的除垢剂与油井里的一些物质混合后产生硫化氢气体发生中毒，国外资料有过这方面的报道，在洗净设计时没有作这方面的考虑是发生事故的主要原因。

## 案例十六　塔中某井完井试油过程中的硫化氢溢出事故

### 一、事故经过

塔中某井是一口部署在塔中1号断裂坡折构造带上的评价井，井型为直井。该井于

2005年7月23日10：00开钻，于11月21日12：00完井，至11月29日14：00正式转为试油。2005年12月24日13：00开始试油压井施工，根据监督开具在作业指令书的要求，先反挤清水90m³，再反挤入密度为1.25g/cm³、黏度为100s的高黏泥浆10m³，随后反挤注密度为1.25g/cm³黏度为50s的泥浆120m³，此时套压下降至0MPa；倒管线试压合格后，于23：30开始正挤清水，挤入4m³后，由于泵压由42MPa上升至55MPa，停泵后压力不下降，于是试油监督决定由钻井队上井连接地面简易放喷管线进行放压，25日5：00~9：00用6mm油嘴放喷点火、油管放压，油压下降至17MPa，放喷口处见液、火灭，至15：00观察，套压保持为0MPa，油压上升至40MPa。至18：00正挤注清水24m³和密度为1.25g/cm³黏度为50s的泥浆35m³，此时油压、套压均为0MPa，注泥浆过程中，节流管汇畅通无泥浆返出，挤压井完毕，试油监督要求进行观察。在观察期间无异常，然后拆采油树，打开采油树右翼生产闸门，出口处没有油气或泥浆溢出。往油套管环空内注入泥浆17m³，套压由4MPa下降至0MPa，卸掉采油树与采油四通连接处的螺丝，对角留四个未卸。此时无泥浆或油气外溢迹象，起吊采油树，准备换装封井器时所用的钢圈，吊起采油树时井口无外溢，将采油树吊开后约2min井口开始有轻微外溢，于是立即组织班组人员抢接变扣接头及旋塞，期间井口泥浆喷势逐渐增大，抢接变扣接头及旋塞不成功，此时泥浆喷出高度已经达到2m左右。试油监督指挥进行重新抢装采油树，抢装采油树不成功，井口泥浆已喷出钻台面以上高度，并有硫化氢喷出。于是井队紧急启动《井喷失控的紧急处理》预案，立即停车、断电，组织井上人员撤离，立即摇响营房的手摇式硫化氢报警器，启动《营房硫化氢应急预案》，组织营房人员进行疏散。全部人员疏散到营房外的高地上。井喷溢出的含硫化氢气体会导致人窒息死亡，事故发生在沙漠腹地尚未有人员受伤。因该井发生井喷，塔里木盆地的塔克拉玛干沙漠公路且末至轮台段自26日起临时封闭10天。

## 二、事故处理

事故发生后，相关领导及部门人员时赶赴事故现场，在油田公司抢险领导小组的统一指挥下，积极进行事故处理。期间，一是组织本单位职工严格按照抢险指挥部的各项指令进行抢险工作；二是立即委派两个督察小组分头前往其他各队传达甲方领导有关指示，并分别针对各施工井的不同工况提出重点防范措施和要求；三是污水泥浆反压井成功后，详细安排部署了恢复生产的各项措施和要求，力争把事故损失降到最低限度。

## 三、井控事故原因

(1) 按监督指令正压井35m³，观察8~12h，正常后方可换装井口，正确的方法应该是观察正常后再正压井35m³，方能更换井口。

(2) 指令只有每隔1h往环空挤1m³泥浆，却没有往油管内挤泥浆，从而导致油管内发生气侵，正确的方法应该是同时往油管内和环空挤泥浆。

(3) 油管没有接回压凡尔或旋塞，导致发现溢流后抢接未成功，正确的方法应该是提前接好，油管接出钻台面。

(4) 塔中冬季夜间气温较低(−18~−20℃)，出现异常抢接回压凡尔，难度更大，如果换装井口改在白天施工，情况会更好。

(5) 对于抢接变扣接头和旋塞，井队人员操作不熟练，对这些风险较大的作业应安排在白天完成。

## 四、事故教训

（1）施工人员对试油期间的井控工作重视程度不够，尤其对试油期间的风险工序不是很清楚。

（2）风险性较大的施工应安排在白天施工，尤其是在冬季施工，必须要考虑周全，制定周密的应急预案和技术保障措施。

（3）发生轻微外溢后，是抢接变扣接头及旋塞，还是重新抢装采油树，在井喷预案中应有明确规定。

# 附录一　相关行业标准

## 一、SY/T 6137—2005《含硫化氢的油气生产和天然气处理装置作业的推荐作法》

**1　范围**

本标准规定了含硫化氢油气生产和气体处理作业中的人员培训、个人防护装备、材料选择、紧急情况下的作业程序等要求。

本标准适用于流体中含硫化氢的油气生产和气体处理作业。本标准也适用于硫化氢燃烧产生二氧化硫的作业环境。

**3　术语和定义**

下列术语和定义适用于本标准。

**3.2**　呼吸区　breathing zone

肩部正前方直径在15.24~22.86cm(6~9in)的半球形区域。

**3.3**　硫化氢连续监测设备　continuous hydrogen sulfide monitoring equipment

能连续测量并显示大气中硫化氢浓度的设备。

**3.5**　封闭设施　enclosed facility

一个至少有2/3的投影平面被密闭的三维空间，并留有足够尺寸保证人员进入。对于典型建筑物，意味着2/3以上的区域有墙、天花板和地板(见SY/T0025—95)。

**3.9**　立即威胁生产和健康的浓度(IDLH)　immediately dangerous to life and healty

有毒、腐蚀性的、窒息性的物质在大气中的浓度，达到此浓度会立刻对生命产生威胁或对健康产生不可逆转的或延迟性的影响，或影响人员的逃生能力。(美国)国家职业安全和健康学会(NIOSH)规定硫化氢的立即威胁到生命和健康的浓度(IDLH)为300ppm，二氧化硫的立即威胁到生命和健康的浓度(IDLH)为100ppm。API Publ 2217A规定氧含量低于19.5%为缺氧，低于16%为IDLH浓度。

**3.10**　不良通风　inadequately ventilated

通风(自然或人工)无法有效地防止大量有毒或惰性气体聚集，从而形成危险。

**3.14**　就地庇护所　shelter-in-place

该概念是指通过让居民待在室内直至紧急疏散人员到来或紧急情况结束，避免暴露于有毒气体或蒸气环境中的公众保护措施。

**3.17**　阈限值　threshold limit value(TLV)

几乎所有工作人员长期暴露都不会产生不利影响的某种有毒物质在空气中的最大浓度。硫化氢的阈限值为15mg/m$^3$(10ppm)，二氧化硫的阈限值为5.4mg/m$^3$(2ppm)。

**3.18**　安全临界浓度　safety critical concentration

工作人员在露天安全工作8h可接受的硫化氢最高浓度[参考《海洋石油作业硫化氢防护安全要求》](1989)中硫化氢的安全临界浓度为30mg/m$^3$(20ppm)。

**3.19**　危险临界浓度　dangerous threshold limit value

达到此浓度时，对生命和健康会产生不可逆转的或延迟性的影响[参考《海洋石油作业硫化氢防护安全要求》](1989)中硫化氢的危险临界浓度为 150mg/$m^3$(100ppm)。

**5　人员培训**

**5.1**　概述

涉及潜在硫化氢的油气开采区域的生产经营单位应警示所有人员(包括雇主、服务公司和承包商)作业过程中可能出现硫化氢的大气浓度超过 15mg/$m^3$(10ppm)、二氧化硫的大气浓度超过 5.4mg/$m^3$(2ppm)的情况。在硫化氢或二氧化硫浓度可能会超过 4.1a)中规定值的区域工作的所有人员开始工作前都宜接受培训。所有雇主，不论是生产经营单位、承包商或转包商，都有责任对他们自己的雇员进行培训和指导。被指派在可能会接触硫化氢或二氧化硫区域工作的人员应接受硫化氢防护安全指导人(见 5.6)的培训。

**5.2**　基本培训

在油气生产和气体处理中，培训和反复训练的价值怎么强调都不过分。特定装置或作业的特定性或复杂性将决定指定员工所要进行培训的程度和范围，然而，下面的几点是对定期作业人员的最低限度的培训要求：

a) 硫化氢和二氧化硫的毒性、特点和性质；

b) 硫化氢和二氧化硫的来源；

c) 在工作场所正确使用硫化氢和二氧化硫检测设备的方法；

d) 对现场硫化氢和二氧化硫检测系统发出的报警信号及时判明并作出正确响应；

e) 暴露于硫化氢的症状(参见附录 C)，或暴露于二氧化硫的症状(参见附录 D)；

f) 硫化氢和二氧化硫泄漏造成中毒的现场救援和紧急处理措施；

g) 正确使用和维护正压式空气呼吸器以便能在含硫化氢和二氧化硫的大气中工作(理论和熟练的实际操作)；

h) 已建立的保护人员免受硫化氢和二氧化硫危害的工作场所的作法和相关维护程序；

i) 风向的辨别和疏散路线(见 6.7)；

j) 受限空间和密闭设施进入程序(如适用)；

k) 为该设施或作业制定的紧急响应程序(见第 7 章)；

l) 安全设备的位置和使用方法；

m) 紧急集合的地点(如果设定了的话)。

**5.3**　现场监督人员的培训

现场监督人员还需要增加以下培训：

a) 应急预案中监督人员的责任(见第 7 章)；

b) 硫化氢对硫化氢处理系统的影响，如腐蚀、变脆等。

**5.4**　再次培训

执行一个正式的重新培训的计划，以熟练掌握 5.2 和 5.3 中提到的各项内容。

**5.5**　来访者和其他临时指派人员的培训

来访者和其他临时指派人员进入潜在危险区域之前，应向其简要介绍出口路线、紧急集合区域、所用报警信号以及紧急情况的响应措施，包括个人防护设备的使用等。这些人员只有在对应急措施和疏散程序有所了解后，有训练有素的人员在场时，才能进入潜在危险区域。如出现紧急情况，应立即疏散这些人员或及时向他们提供合适的个人防护设备。

**5.6** 硫化氢防护安全指导人

硫化氢防护安全指导人指已圆满地完成了某机构或组织进行的硫化氢安全培训课程，或接受过公司指定的硫化氢安全监督人员/培训人员的同等程度的指导，或有同等安全监督人员/培训人员资历的人。为了保证安全指导人的熟练性和全面性，应进行再培训。

**5.8** 补充培训

对于在工作中可能暴露在硫化氢和二氧化硫环境中的人员来说，安全培训是一个连续的计划。有效的连续进行的培训能够保证人员了解工作中潜在的危险、怎样进出封闭设施、怎样在密闭装置中工作、相关的维护程序及清洁方法。

**5.9** 记录

所有培训课程的日期、指导人、参加人及主题都应形成文件并记录，其记录宜至少保留两年。

**5.10** 其他有关人员安全的考虑

**5.10.1** 封闭设施和有限空间的进入

进入封闭设施和有限空间作业应进行培训，培训内容见SY/T6458。

含有已知或潜在的硫化氢危险的密闭空间，应对其实施严格的进出限制。通常这些地方没有良好的通风，也没有人操作。此类密闭区包括罐、处理容器、罐车、暂时或永久性的深坑、沟等。进入有限空间必须经过许可。

**5.10.2** 呼吸问题

已知其生理或心理状况会影响正常呼吸的人员，如果使用正压式空气呼吸器或接触硫化氢或二氧化硫会使其呼吸问题复杂化，不应指派其到可能接触硫化氢或二氧化硫的环境中工作。

**6** 个人防护装备

**6.1** 概述

本章讨论了一些用于油气生产和气体处理的工作环境中使用的个人防护装备，这些工作环境中硫化氢浓度有可能超过10ppm或二氧化硫浓度有可能超过2ppm。在配备有个人防护装备的基础上，应对员工进行选择、使用、检查和维护个人防护装备的培训。

**6.2** 固定的硫化氢监测系统

用于油气生产和气体加工中的固定的硫化氢监测系统包括可视的或能发声的警报，要安装在整个工作区域都能察觉到的位置。直流电系统的电池在使用中要每天检查，除非有自动的低压报警功能。

**6.3** 便携式检测装置

如果大气中的硫化氢浓度达到或超过10ppm，就应配置便携式检测装置。

**6.4** 呼吸装备

所有的正压式呼吸器都应达到相关的规范要求。下面所列全面罩式呼吸保护设备，宜用于硫化氢浓度超过10ppm或二氧化硫浓度超过2ppm的作业区域。

a）自给式正压/压力需求型正压式空气呼吸器：在任何硫化氢或二氧化硫浓度条件下均可提供呼吸保护。

b）正压/压力需求型空气管线正压式空气呼吸器：配合一带低压警报的自给式正压式空气呼吸器，额定最短时间为15min。该装置可允许使用者从一个工作区域移动到另一个工作区域。

c）正压/压力需求型空气管线正压式空气呼吸器：带一辅助自给式空气源（其额定工作时间最短为 5min）。只要空气管线与呼吸空气源相连通，就可穿戴该类装置进入工作区域。额定工作时间少于 15min 的辅助自给式空气源仅适用于逃生或自救。

若作业人员在硫化氢或二氧化硫浓度超过 4.1a）中规定值的区域或空气中硫化氢或二氧化硫含量不详的地方作业时，应使用带有出口瓶的正压/压力需求型空气管线或自给式正压式空气呼吸器，适当时应带上全面罩。

**警示**：在可能会遇到硫化氢或二氧化硫的油气井井下作业中，不应使用防毒面具或负压压力需求型空气呼吸器。

**6.4.1**　储存和维护

个人正压式空气呼吸器的安放位置应便于基本人员能够快速方便地取得。基本人员是指那些必须提供正确谨慎安全操作的人员以及需要对有毒硫化氢或二氧化硫条件进行有效控制的人员（见 7.5）。针对特定地点而制定的应急预案可要求配备额外的正压式空气呼吸器（见第 7 章）。

正压式空气呼吸器应存放在方便、干净卫生的地方。每次使用前后都应对所有正压式空气呼吸器进行检测，并至少每月检查一次，以确保设备维护良好。每月检查结果的记录，包括日期和发现的问题，应妥善保存。这些记录宜至少保存 12 个月。需要维护的设备应作好标识并从库房中拿出，直到修好或更换后再放回。正确保存、维护、处理与检查，对保证个人正压式空气呼吸器的完好性非常重要。应指导使用者如何正确维护该设备，或采取其他方法以保证该设备的完好。应根据生产商的推荐作法进行操作。

**6.4.2**　面罩式呼吸装备的限制

符合 6.4 要求的全面罩正压式空气呼吸器宜用于硫化氢浓度超过 10ppm 或二氧化硫浓度超过 2ppm 的工作区域。使用者不应佩戴有镜架伸出面罩密封边缘的眼镜。采用合格的适配器，可将校正式镜片安装在正压式空气呼吸器面罩内。

在使用呼吸保护设备之前，应确保戴上指定或随意选择的未指定正压式空气呼吸器后面部密封效果良好。如果某一正压式空气呼吸器的面部密封效果不好，必须向该员工提供另一满意的正压式空气呼吸器，否则该员工不能在存在或可能存在危险的作业区域工作。

**6.4.3**　空气的供给

呼吸空气的质量应满足下述要求：

氧气含量 19.5%~23.5%。

**6.4.4**　空气压缩机

所用的呼吸空气压缩机应满足下述要求：

a）避免污染的空气进入空气供应系统。当毒性或易燃气体可能污染进气口的情况发生时，应对压缩机的进口空气进行监测。

b）减少水分含量，以使压缩空气在一个大气压下的露点低于周围温度 5~6℃。

c）依照制造商的维护说明定期更新吸附层和过滤器。压缩机上应保留有资质人员签字的检查标签。

**6.4.5**　呼吸装备的使用

进入硫化氢浓度超过安全临界浓度 20ppm 或怀疑存在硫化氢或二氧化硫但浓度不详的区域进行作业之前，应戴好正压式空气呼吸器（参见附录 C、和附录 D），直到该区域已安全或作业人员返回到安全区域。

**警示**：在进行救援或进入危险环境之前，应首先在安全的地方戴上正压式空气呼吸器。

**6.5**　待命的救援设备

当人员在立即威胁生命和健康的硫化氢或二氧化硫环境中工作时（参见附录C、附录D），应有经过救援技术培训的和配有救援装备包括呼吸装备的救援人员待命。

**6.6**　救援设备

在硫化氢、二氧化硫或氧气浓度被认为是对生命或健康有即时危险的浓度（IDLH）的场所，应配备合适的救援设备，如自给式正压式空气呼吸器、救生绳及安全带等。不同情况所需的救援设备的类型有所不同，具体取决于工作类型。宜咨询熟悉救援设备的合格人员来确定某一特定现场作业环境中宜配备何种救援设备。

**6.7**　风向标

在油气生产和天然气的加工装置操作场地上，应遵循有关风向标的规定，设置风向袋、彩带、旗帜或其他相应的装置以指示风向。风向标应置于人员在现场作业或进入现场时容易看见的地方。

**6.8**　警示标志

在加工和处理含硫化氢采出液的设施的适当位置（例如进口处），可能会遇到硫化氢气体时，应遵循设置标志牌的规定，在明显的地方（如入口）张贴如“硫化氢作业区——只有监测仪显示为安全区时才能进入”，或“此线内必须佩戴呼吸保护设备”等清晰的警示标志。

**7　应急预案（包括应急程序）指南**

**7.1**　概述

生产经营单位应评估目前的或新的涉及硫化氢和二氧化硫的作业，以决定是否要求有应急预案、特殊的应急程序或者培训。这种评价应确定潜在的紧急情况和其对生产经营单位及公众的危害。如果需要应急预案，应按政府的有关要求制定。

**7.4**　应急预案的信息

应急预案包括但不限于下述条款：

a）应急程序

1）人员责任（见7.5）。

2）立即行动计划（见7.6）。

3）电话号码和联系方式（见7.7）。

4）附近居民点、商业场所、公园、学校、宗教场所、道路、医院、运动场及其他人口密度难测的设施等的具体位置。

5）撤离路线和路障的位置。

6）可用的安全设备（呼吸装备的数量及位置）。

b）设施描述、地图、图纸

1）装置。

2）注水站。

3）井、油灌组、天然气处理装置、管线等。

4）压缩设备。

c）培训和演练（见7.8）

1）基本人员的职责。

2）现场和课堂训练。

3）告知附近居民在紧急情况下的适当保护措施。

4）培训和参加人员的文件记录。

5）告知当地政府官方有关疏散或就地庇护所等的要点。

**7.5**　人员的责任

应急预案应指出所有训练有素人员的职责。要禁止参观者和非必要人员进入大气中硫化氢浓度超过 10ppm 或二氧化硫浓度超过 2ppm 的区域（见 4.1、参见附录 C 和附录 D）。

**7.6**　立即行动计划

每个应急预案都宜包括一个简明的“立即行动计划”，在任何时间接到硫化氢和二氧化硫有潜在泄漏危险时，应由指定的人员执行计划。为了保护工作人员（包括公众）和减轻泄漏的危害，立即行动计划宜包括并且不仅包括以下内容：

a）警示员工并清点人数。

1）离开硫化氢或二氧化硫源，撤离受影响区域。

2）戴上合适的个人正压式空气呼吸器。

3）警示其他受影响的人员。

4）帮助行动困难人员。

5）撤离到指定的紧急集合地点。

6）清点现场人数。

b）采取紧急措施控制已有或潜在的硫化氢或二氧化硫泄漏并消除可能的火源。必要时可启动紧急停工程序以扭转或控制非常事态。如果要求的行动不能及时完成以保护现场作业人员或公众免遭硫化氢或二氧化硫的危害，可根据现场具体情况，采取以下措施。

c）直接或通过当地政府机构通知公众，该区域井口下风方向 100m 处硫化氢或二氧化硫浓度可能会分别超过 50ppm 和 10ppm。

d）进行紧急撤离。

e）通知电话号码单上最易联系到的上级主管。告知其现场情况以及是否需要紧急援救。该主管应通知（直接或安排通知）电话号码单上其他主管和其他相关人员（包括当地官员）。

f）向当地官员推荐有关封锁通向非安全地带的未指定路线和提供适当援助等作法。

g）向当地官员推荐疏散公众并提供适当援助等作法。

h）若需要，通告当地政府和国家有关部门。

i）监测暴露区域大气情况（在实施清除泄漏措施后）以确定何时可以重新安全进入。

在出现另外的更为严重情况时，应作更改，以使之适应。某些行动，特别是涉及公众的行动，应该同政府官员协商。

**7.7**　应急电话号码表

**7.8**　培训和训练

在涉及硫化氢和二氧化硫的油气作业应急相应程序中，培训和训练的价值怎么强调也不过分。在应急预案中列出的人员都应进行适当的培训。重要的是，培训能提供对每一项任务的重要性的了解，以及对执行有效应急响应的每个人的作用的了解。

在紧急情况的训练中，可以以演练和模拟的方式进行。学员演练或演示他们的职责是一个重要的方法，使他们意识到应急预案的重要性并保持警惕。演练可以是讲课或是课堂讨论，或是在设备上进行真实的训练，检查通信设备，将“伤员”送到医院。

**9.19**　硫化铁预防措施

硫化铁是一种硫化氢与铁或者废海绵铁(一种处理材料)的反应产物，当暴露在空气中，会自燃或燃烧。当硫化铁暴露在空气中时，要保持潮湿直到其按适用的规范要求进行了废弃处理。硫化铁垢会在容器的内表面和脱硫过程中的胺溶液的过滤元件上积累下来，当暴露在大气中时，就有自燃的危险。硫化铁的燃烧产物之一是二氧化硫，必须采取正确的安全措施处理这些有毒物质。

**9.20**　钻井操作

**9.21**　取样和测量罐操作的安全预防措施

如果取样或计量的系统含有硫化氢，宜遵守特别的安全预防措施。应测试生产罐内的浓度以确定硫化氢含量(见9.3)。宜测试通常工人呼吸区的浓度。

如果在通常工人呼吸区的硫化氢浓度超过了300ppm，除了使用呼吸装备(见6.4)之外，还应采用救援警告和程序(见6.5和6.6)。

**9.22**　设施的废弃—地面装置

宜采取预防措施以确保达到有害程度的硫化氢不会遗留在废弃的地面设备里，包括埋地管线和地面流程管道。留下的埋地管线和地面流程管道宜经过吹扫净化、封堵塞或加盖帽。容器要用清水冲洗、吹扫并排干，敞开在大气中。宜采取预防措施以防止硫化铁燃烧(见9.19)。

**12　密闭空间的操作**

**12.1**　概述

本章给出了一些专门针对涉及硫化氢的密闭装置的油气生产和气体加工操作的推荐作法。密闭的装置可能简单如有盖的设备，也可能复杂如寒冷地区的综合的地面或海上的密闭工作区。

**12.2**　在密闭装置进行操作的独特性

由于密闭装置进行油气生产和气体处理的独特性，存在着含有硫化氢的烃类气体的逸出，尤其是通风不好的时候。通常少量的含有硫化氢的气体泄漏会在密闭的空间内保留，这样一来就会增加对进入密闭空间内的人员的危险，良好的通风能够减少这样的危险。

**12.4**　固定式的硫化氢监测系统

在通常人员进出频繁的地方，或长时间设置密闭装置的地方，固定式的硫化氢监测系统(带有足够的报警)能够提高安全性。在其他一些地方，执行人员进入程序可以替代固定式的硫化氢监测系统。

固定式的硫化氢监测系统宜安装在有加工处理含硫化氢流体的设备(如容器和机械设备等)的工作区内，因为当场地是处于下述两种情况时，这些流体释放会使大气中的硫化氢浓度超过15mg/m$^3$(10ppm)。

**12.5**　人员防护技术

要对在所有含有加工处理含硫化氢流体以至大气中硫化氢浓度可能超过10ppm的设备(容器、机械设备等)的密闭装置内工作的人员提供保护方法，以防止人员暴露在硫化氢浓度超过10ppm的大气中。可接受的方法包括：

**注：**应该确认，一种是不需呼吸保护设备就可以安全进入，另一种是必须穿戴个人正压式空气呼吸器(见6.4)。

**12.6**　警告标识

清晰的警告标识，如“硫化氢操作区域——监测仪显示安全时方可进入”，可“越过此区域必须穿戴正压式空气呼吸器”，这些标识必须永远张贴在通往生产加工含硫化氢流体的密闭装置的所有门口。

**注：**应遵守法规对标志的要求。

**13　天然气处理装置的操作**

**13.1**　概述

本章给出一些只有在涉及硫化氢的天然气处理装置才适用的方法。本标准介绍的其他方法也适用于天然气处理装置。

**13.2**　一般考虑

典型的天然气处理装置包括比现场操作(例如，油气分离装置)更复杂的过程，这些不同在于：

a）含有硫化氢的气体体积可能高于现场条件；

b）硫化氢浓度可能高于现场条件；

c）一般情况下人员和设备都比现场多；

d）人员的工作安排更固定。

这些不同之处通常要求特殊的考虑来保证涉及如容器和管道开口部位操作及有限空间进入等的安全。当上述活动准备进行时，宜召开包括操作、维护、承包人和其他涉及方参加的协调会以保证设施人员了解其所涉及的活动、它们对装置操作的影响及应遵守的必要的安全预防措施。

**13.7**　应急预案

天然气处理装置的应急预案应包含可能暴露于泄漏的硫化氢中的装置操作人员和公众(见SY/T6230)。操作人员必须熟悉紧急情况下装置关停程序、救援措施、通知程序、集合地点和紧急设备的位置(见第7章)。应向来访者简要介绍天然气处理装置的平面图、所使用的警告信号和如何在紧急情况下作出反应。

## 二、SY/T 5087—2005《含硫化氢油气井安全钻井推荐作法》

**1　范围**

本标准规定了含硫化氢油气井钻井作业中从钻井设计、设备安装、井场布置、硫化氢监测、人员和设备防护、应急管理等方面的安全要求。

本标准适用于油气勘探开发中含硫化氢油气井的钻井作业。

**2　规范性引用文件**

**3.4**　氢脆 hydrogen embitterment

化学腐蚀产生的氢原子，在结合成氢分子时体积增大，致使低强度钢和软钢发生氢鼓泡、高强度钢产生裂纹，使钢材变脆。

**3.5**　硫化物应力腐蚀开裂 sulfide stress corrosion cracking

钢材在足够大的外加拉力或残余张力下，与氢脆裂纹同时作用发生的破裂。

**3.7**　含硫化氢天然气 nature gas with hydrogen sulfide

指天然气的总压等于或大于0.4MPa(60psia)，而且该气体中硫化氢分压等于或高于0.0003MPa；或硫化氢含量大于75mg/m$^3$(50ppm)的天然气。有关酸性环境(含硫化氢和二氧化硫）的定义参见附录 D。

**5　井场及钻井设备的布置**

**5.1**　井场的布置应符合 SY/T5466 的要求。

**5.2**　钻前工程前，应从气象资料中了解当地季节的主要风向。

**5.3**　井场内的引擎、发电机、压缩机等容易产生引火源的设施及人员集中区域宜部署在井口、节流管汇、天然气火炬装置或放喷管线、液气分离器、钻井液罐、备用池和除气器等容易排出或聚集天然气的装置的上风方向。

**5.4**　对可能遇有硫化氢的作业井场应有明显、清晰的警示标志，并遵守以下要求：

a）井处于受控状态，但存在对生命健康的潜在或可能的危险（硫化氢浓度小于 10ppm），应挂绿牌；

b）对生命健康有影响（硫化氢浓度 10~20ppm），应挂黄牌；

c）对生命健康有威胁（硫化氢浓度大于或可能大于 20ppm），应挂红牌。

**5.5**　在确定井位任一侧的临时安全区的位置时，应考虑季节风向。当风向不变时，两边的临时安全区都能使用。当风向发生 90°变化时，则应有一个临时安全区可以使用。当井口周围环境硫化氢浓度超过安全临界浓度时，未参加应急作业人员应撤离至安全区内。

**5.6**　测井车等辅助设备和机动车辆应尽量远离井品，宜在 25m 以外。未参加应急作业的车辆应撤离到警戒线以外。

**5.7**　井场值班室、工程室、钻井液室、气防器材室等应设置在井场主要风向的上风方向。

**5.8**　应将风向标设置在井场及周围的点上，一个风向标应挂在被正在工地上的人员以及任何临时安全区的人员都能容易地看得见的地方。安装风向标的可能的位置是：绷绳、工作现场周围的立柱、临时安全区、道路入口处、井架上、气防器材室等。风向标应挂在有光照的地方。

**5.9**　在钻台上、井架底座周围、振动筛、液体罐和其他硫化氢可能聚集的地方应使用防爆通风设备（如鼓风机或风扇），以驱散工作场所弥散的硫化氢。

**5.10**　钻入含硫油气层前，应将机泵房、循环系统及二层台等处设置的防风护套和其他类似的围布拆除。寒冷地区在冬季施工时，对保温设施可采取相应的通风措施，以保证工作场所空气流通。

**5.11**　应确保通信系统 24h 畅通。

**7　地质及钻井工程设计的特殊要求**

**7.1**　应对拟定探井周围 3km，生产井井位 2km 范围内的居民住宅、学校、公路、铁路和厂矿等进行勘测，并在设计书中标明其位置。

**8　应急管理**

**8.1**　基本要求

**8.1.1**　在含硫油气井的钻井作业前，与钻井相关各级单位应制定各级防硫化氢的应急预案。

**8.2.1**　机构及职责：

应急预案中应包括钻井各相关方的组织机构和负责人，并应明确应急现场总负责人及各方人员在应急中的职责。

**8.2.2**　应急响应。

**8.2.2.1**　当硫化氢浓度达到10ppm的阈限值时启动应急程序，现场应：

a）立即安排专人观察风向、风速以便确定受侵害的危险区；

b）切断危险区的不防爆电器的电源；

c）安排专人佩戴正压式空气呼吸器到危险区检查泄漏点；

d）非作业人员撤入安全区。

**8.2.2.2**　当硫化氢浓度达到20ppm的安全临界浓度时，按应急程序应：

a）戴上正压式空气呼吸器；

b）向上级(第一责任人及授权人)报告；

c）指派专人至少在主要下风口距井口100m、500m和1000m处进行硫化氢监测，需要时监测点可适当加密；

d）实施井控程序，控制硫化氢泄漏源；

e）撤离现场的非应急人员；

f）清点现场人员；

g）切断作业现场可能的着火源；

h）通知救援机构。

**8.2.2.3**　当井喷失控时，按下列应急程序立即执行：

a）由现场总负责人或其指定人员向当地政府报告，协助当地政府作好井口500m范围内的居民的疏散工作，根据监测情况决定是否扩大撤离范围；

b）关停生产设施；

c）设立警戒区，任何人未经许可不得入内；

d）请求援助。

**8.2.2.4**　当井喷失控时，井场硫化氢浓度达到100ppm的危险临界浓度时，现场作业人员应按预案立即撤离井场。现场总负责人应按应急预案的通信表通知(或安排通知)其他有关机构和相关人员(包括政府有关负责人)。由施工单位和生产经营单位按相关规定分别向其上级主管部门报告。

**8.2.2.5**　在采取控制和消除措施后，继续监测危险区大气中的硫化氢及二氧化硫浓度，以确定在什么时候方能重新安全进入。

**8.3**　油气井点火程序

**8.3.1**　含硫油气井井喷或井喷失控事故发生后，应防止着火和爆炸，按SY/T 6426执行。

**8.3.2**　发生井喷后应采取措施控制井喷，若井口压力有可能超过允许关井压力，需点火放喷时，井场应先点火后放喷。

**8.3.3**　井喷失控后，在人员的生命受到巨大威胁、人员撤离无望、失控井无希望得到控制的情况下，作为最后手段应按抢险作业程序对油气井井口实施点火。

**8.3.4**　油气井点火程序的相关内容应在应急预案中明确。油气井点火决策人宜由生产经营单位代表或其授权的现场总负责人来担任，并列入应急预案中。

**8.3.5**　井场应配备自动点火装置，并备用手动点火器具。点火人员应佩戴防护器具，并在上风方向，离火口距离不少于10m处点火。

**8.3.6**　点火后应对下风方向尤其是井场生活区、周围居民区、医院、学校等人员聚集场所的二氧化硫的浓度进行监测(参见附录C)。

8.4　应急联络

考虑到与相关方应急联系和报告的需要，应准备和保存一份应急通信表。根据应急通信表的内容制成联络框图，并作为应急预案的一部分。

8.5　培训和演习

模拟应急程序的训练和演习是作业人员执行或演示他们的任务的重要手段。在这样的演练中，要包括动用设备和测试通信设备，而模拟伤员要被送往有医治模拟伤情设施的医院。这些演练应通知政府有关部门(最好能让他们参加)。

8.6　应急预案的更新

对应急预案应定期复核，随时对条款或覆盖范围的改变进行更新。特别应观察和考虑的变化是居住或住宅区、仓库、公园、商店、学校或公路，以及油气井作业的变化和租用设施的变化。

## 三、SY/T 6610—2005《含硫化氢油气井井下作业推荐作法》

### 1　范围

本标准规定了在含硫化氢油气井井下作业过程中的人员培训、人员防护设备、应急预案(包括应急程序)指南、现场分类、材料和设备、修井作业、作业和操作、特殊作业、海上作业、硫化氢和二氧化硫的特点以及硫化氢监测装备的评价和选择等方面的要求。

本标准适用于含硫化氢油气井原井眼及原井深的井下作业；也适用于井内以及修井作业时安装和使用材料的选择。这些作业包括在井内流体中含硫化氢条件下进行修井、井下维护以及封堵和废弃井等程序。

### 6　个人防护设备

6.1　概述

本章规定了一些可用于工作环境中硫化氢在大气中浓度可能会超过10ppm或二氧化硫在大气中的浓度可能会超过2ppm的油气井井下作业的个人防护设备(参见附录C和附录D)。仅有个人防护设备是不够的，应对人员进行防护设备选择、使用、检查和维护的培训。

6.2　固定式硫化氢监测系统

油气井井下作业中所用固定式硫化氢大气监测系统应包括可视的和(或)可听的警报器，警报器应位于整个工作区域都可听见或看见的地方。作业期间宜每天检查警报器的直流电池，除非有自动低电压报警功能。

6.3　检测设备

如果硫化氢的大气浓度会超过6.1中描述的水平，应使用硫化氢检测仪。有关硫化氢检测设备的评价、选择、维护和使用参见附录G。如果可能出现硫化氢大气浓度高于检测仪测量范围的情况，应配备泵和比色指示管探测仪(显色长度)，配备检测管，以便能即时取样，测定密闭设施、存储罐、容器等的硫化氢浓度。

如果二氧化硫浓度会超过6.1中提到的浓度(例如在燃烧时或其他会产出二氧化硫的作业中)，就应使用便携式二氧化硫检测仪或显色长度检测器，配备检测管，以便测定该区域二氧化硫浓度，并检测含硫化氢流体燃烧时受二氧化硫气体影响的区域。

人员应使用正确的呼吸保护设备，除非确认工作区域的大气是安全的(见6.5)。

为保证在井口、钻台上、地面泥浆池、储罐或其他设备附近操作人员的安全，宜配备足量的固定式或便携式或该两种检测仪。开始作业之前，宜明确谁将提供检测仪。

**6.4**　传感器位置和设备标校

在产层已打开的井下作业期间都宜使用硫化氢监测仪(固定式或便携式)(见6.1)。固定式硫化氢监测系统宜有一个或多个传感器，安装在下风方向近井眼钻台上为佳。在井下作业过程中，该区域的硫化氢浓度通常最高。井内流体流入地面坑池处，宜安装一个或多个传感器。需要使用循环液的井下作业，宜在回流管线和敞开式流体循环罐上面安装传感器。在活动支架上安装固定式监测系统的传感器较为方便。在硫化氢可能会聚集的工作区可安放备用传感器。

作业人员进入低洼区域、不良通风区域和密闭区域进行作业前，宜使用连续监测设备对这些区域进行仔细检查。为可靠起见，宜至少按照设备生产商所要求的周期，对连续监测设备进行保养、标校和测试。在较潮湿、较脏或其他不利的作业条件下，其周期宜更短。

监测设备宜由有资质的单位或个人定期标校，标校周期根据用户需要确定一个可以接受的标校时间，但标校周期不宜超过30d。

连续监测设备应按相关规定进行强检。

设备警报器至少宜每天进行一次功能检查。

**6.5**　呼吸(呼吸保护)设备

所有的呼吸气瓶都应达到相关的规范要求。下面所列全面罩式呼吸保护设备，宜用于硫化氢浓度超过10ppm或二氧化硫超过2ppm的作业区域。

**6.5.5**　呼吸保护设备的使用

进入硫化氢浓度超过安全临界浓度20ppm或二氧化硫浓度超过5ppm或怀疑存在硫化氢或二氧化硫但浓度不详的区域进行作业之前，应戴好呼吸保护设备(参见附录C和附录D)，直到该区域已安全或作业人员返回到安全区域。

警示：在进行救援或进入危险环境之前，应首先在安全的地方戴上呼吸保护设备。

**6.6**　待命救援人员

当人员被认为在对生命或康健有即时危险的浓度(IDLH)环境中(参见附录C和附录D)工作时，应安排经救援技能培训并配备包括呼吸保护设备等适当救援设备(见6.5)的待命救援人员。

**6.7**　救援设备

在硫化氢、二氧化硫或氧气浓度被认为是对生命或健康有即时危险的浓度(IDLH)的场所，应配备合适的救援设备，如自给式呼吸保护设备、救生绳及安全带等。不同情况所需的救援设备的类型有所不同，具体取决于工作类型。宜咨询熟悉救援设备的合格人员来确定某一特定现场作业环境中宜配备何种救援设备。

**6.8**　风向标

在修井作业现场，应遵循有关风向标的规定设置风向袋、彩带、旗帜或其他相应的装置以指示风向。风向标应置于人员在现场作业或进入现场时容易看见的地方。

**6.9**　警示标志

修井作业可能会遇到硫化氢气体时，应遵循设置标志牌的规定在明显的地方(如入口)张贴如“硫化氢作业区——只有监测仪显示为安全区时才能进入”，或“此线内应佩戴呼吸保护设备”等清晰的警示标志。

**8　现场分类**

**8.1**　总则

从硫化氢和二氧化硫安全性来看，现场的评价宜以空间的限制为基础，代表空间限制的是现场的面积和特定的环境条件。陆地现场会受到有限区域、进出方式、地形、人口聚集区或者公众设施等的限制。无边缘限制的现场，可以在布置作业机时考虑到地形和主导风向等因素，而增强其安全性。作业机总成宜安装的位置为：主风可吹过作业机，其风向可以吹散来自井口、节流管汇、放空火炬或管线、泥浆/气体分离器、修井液罐、泥浆储罐和除气器等的气体，并远离任何潜在火源，例如发动机、发电机、压缩机和井队值班室以及放置个人设备的区域。不属立即需用的车辆宜位于离井口30m(100ft)以远处，或该距离至少相当于井架的高度，取其中值大者；且任何时候都宜位于井架绷绳圆周以外的区域。当地形、现场或其他条件不允许满足此条件时，宜采取相对安全的措施。

**8.2**　无边缘限制的现场

**8.2.1**　概述

边缘无限制的现场通常都在陆地上，这类现场在设计时宜考虑作业机配置、地形和主导风向等达到最大安全性。作业机的布置取决于作业井的类型(抽油井、自喷井、高压井等)。

**8.2.2**　现场通道

宜为现场设计所有通道，以便一旦出现硫化氢或二氧化硫的紧急情况，可以在预定的地方设置路障。还宜有一条备用通道，以便风向改变时不会影响从现场的撤离。

当硫化氢的大气浓度可能会超过10ppm时，所有入口都应遵循安置警示牌的规定设置适当的警示牌(黄底黑字或相当)，以提示可能存在的危险情况。

如果使用了警示旗或警示灯，所采用的颜色宜符合以下情况：

情况1：

对生命和健康有潜在风险：在控制下作业。

警示器：绿色(硫化氢浓度<10ppm)。

表征：含硫化氢地区井的常规作业。硫化氢出现时浓度可能低于启动值。

一般动作：

a）检查安全设备功能是否正常，保证随时可用。

b）警惕情况的改变。

c）遵守生产经营单位现场代表的指令。

情况2：

对生命和健康有一定影响：危险井在受控下作业。

警示器：黄色(10ppm≤硫化氢浓度<20ppm)。

表征：现场的硫化氢已经或可能会达到20ppm。

一般动作：

a）立即安排专人观察风向、风速以便确定受侵害的危险区；

b）切断危险区的不防爆电器的电源；

c）安排专人佩戴正压式空气呼吸保护设备到危险区检查泄漏点；

d）非作业人员撤入安全区；

e）遵守生产经营单位现场代表的指令。

情况3：

对生命和健康有威胁。

警示器：红色(硫化氢浓度≥20ppm)。

表征：现场的硫化氢已经或可能会高于20ppm。

一般动作：

a）戴上正压式空气呼吸保护设备；

b）向上级(第一责任人及授权人)报告；

c）指派专人在主要下风口 100m 以远进行硫化氢监测；

d）实施井控程序，控制硫化氢泄漏源；

e）撤离现场的非应急人员；

f）清点现场人员

g）切断作业现场可能的着火源；

h）通知救援机构。

情况 4：

对生命和健康有极大威胁。

警示器：红色(硫化氢浓度≥20ppm)。

表征：井喷失控，井口主要下风口 100m 以远测得硫化氢浓度达到 50ppm。

一般动作：

a）遵守生产经营单位现场代表的指令。

b）生产经营单位现场代表将启动公众警示与保护计划(见 7.8)。

c）由现场总负责人或其指定人员向当地政府报告，协助当地政府作好周围居民的疏散工作；

d）关停生产设施；

e）设立警戒区，任何人未经许可不得入内；

f）请求援助。

g）如果井已点燃，燃烧的硫化氢将转化为二氧化硫，它对生命和健康也很危险。因此，不要认为气体点燃后，该区域就安全了。继续执行合适的应急和安全程序，并遵守生产经营单位现场代表的指令。

**8.2.3** 临时安全区

在井场设立临时安全区(至少两个)，均应考虑位于主导风向上一定安全距离或与主导风向成 90°角以防主导风向改变。当风向为主导风向时，所有临时安全区宜都是可以进入的，如果风从斜后侧方向吹来，应总有一个安全区是可以进入的。

**8.2.4** 风向标

在井场四周应安置风袋、风带、旗帜或其他适用设备。风向标宜能为在现场或将进入现场以及来自安全区的人员所看见。可能的安装位置为绷绳、井场周围的竖杆、临时安全区和道路入口。风向标宜照明区设置。

人员宜注意风向的变化。

**8.2.7** 机械通风

机械通风(例如鼓风机和风扇)有助于降低工作区域硫化氢的浓度。宜考虑在钻台、井架基础四周、液罐和其他硫化氢或二氧化硫可能聚集的低洼区域使用这些通风设施。

**8.2.8** 燃烧池、火炬管线及火炬

所有燃烧池、火炬管线及火炬的位置宜充分考虑主导风向。另外，火炬管线和出口不宜正对主导风向。火炬和燃烧池周围的灌木和草宜清理干净。火炬位置宜确保硫化氢流体燃烧形成的二氧化硫的扩散。应遵循通风口、火炬和点火设备的有关规定。

**8.3**　有边缘限制的现场

在山区、城市以及极地、沼泽和水域，空间往往很有限，此时作业往往要求使用例如驳船、自升式平台或类似的支撑设备等特殊设备。除用于无边缘限制现场的推荐作法外(见8.2.1~8.2.8)，在考虑有限现场的安全问题方面宜充分考虑到人员和设备摆放引起的限制因素(见第13章)。

**10　修井作业**

**10.1**　概述

在修井作业过程中，硫化氢可能会意外地达到危险浓度，宜随时做好预防措施，避免聚集的硫化氢释放造成的危害。修井作业一般包括但不限于：排液、拆卸井口装置和管线、循环井内液体、起泵和封隔器以及酸化后抽汲(酸和硫离子能反应生成硫化氢)。

**10.2**　常规作业

**10.2.1**　安全

本条的主要目的是在修井作业中通过采取谨慎的措施和方法，提高人身安全、环境保护以及设备的完整性。所有作业都宜严格按照相关规章、规定和作法执行。因硫化氢和二氧化硫气体的毒性，一般作业和特殊作业过程中应采取一定的安全措施确保人身安全(参见附录C、附录D和4.1)。在硫化氢浓度超过10ppm，或二氧化硫浓度超过2ppm环境中工作的人员，宜佩戴适当的空气呼吸保护设备(见6.5)。

**10.2.2**　方案和会议

应制定施工方案，确保其符合所有相应规范和公认的作法。在进行本标准规定的工作内容之前，作业公司、承包公司、专业服务公司以及其他相关代表宜一起讨论有关井的数据和资料。讨论的内容宜包括但不限于：设备的搬进和搬出、作业设计及各方作业要求。施工之前应作好应急预案、预防措施和设备安装等工作。

**10.2.3**　演练

作业人员宜至少每周进行一次预防井喷演练，确保井控设备能正常运行，作业队人员明确自己的紧急行动责任同时达到训练作业人员的目的。

**10.2.4**　记录

宜作好日常工作记录，准确记载所进行的工作和演练，并至少保留一年。

**11　作业和操作**

**11.1**　概述

因硫化氢和二氧化硫的毒性，应采取安全防护措施以确保所有操作过程的人身安全(见第4章、参见附录C和附录D)。当需要现场操作人员都佩戴呼吸保护设备时，则所有非基本人员都应撤离至临时安全区。所有操作都应严格按照有关规范执行。

**11.2**　保持压力(包括注水作业)过程中产生硫化氢

保持压力(包括注水作业)过程中可能导致细菌侵入，从而造成产层中生成水溶性硫化氢，并存在于产出流体中。有此类开采特性井的生产经营单位宜警惕其可能性，并警示作业人员其作业层段可能会遇到硫化氢。

**11.3**　特殊预防措施

在修井过程中，如排液、拆卸井口和管线、循环修井液、起泵和起封隔器以及酸化后抽汲等，宜采取特殊预防措施，避免硫化氢聚集气释放造成危险。所有修井作业人员宜进行有关硫化氢的潜在危险性以及遇硫化氢时应采取的防护措施等培训。按第6章规定，如果在修井作业过程中硫化氢浓度有可能达到有害浓度，宜使用硫化氢监测仪或检测仪。呼吸保护设备应位于作业人员能迅速容易地取用的地方(见6.5.1)。在无风或风力较弱的情况下，可使用机械通风设备将蒸气按规定方向排出。在低洼作业区，如井口方井，硫化氢或二氧化硫极易在该区域沉降，容易达到有害浓度，在这些区域作业时宜特别小心，并做好防护措施。

**11.4.3**　井场检查

服务公司和生产经营单位代表在设备安装之前宜检查井场布局。检查内容宜包括：主导风向、风向障碍物、低洼区域、泥浆槽和泥浆罐位置、火炬塔或火炬管线、井场通道(入口和出口)以及动力线等。作业机、辅助设备和配套车辆的布局宜按第8章的有关规定安排并达成协议。

**11.4.4**　作业机和部件选择

**12　特殊作业**

**12.1**　概述

除本章外，本标准的其他章节的所有推荐作法也都适合于特殊作业。虽然某些特殊作业需要借助修井机或钻机完成或提高其作业效果，大多数特殊作业有无作业机都能够完成。

特殊作业一般包括但不限于以下项目：

a）绳索作业：包括所有类型的绳索作业，如多股电缆、多股钢丝索和单股绳索(钢丝)。

b）射孔作业。

c）泵注，如酸化、压裂、注水泥和热油操作。

d）不压井起下作业。

e）连续油管作业。

f）冰冻(堵塞)。

g）阀门钻孔和热分接作业。

h）如果需要在夜晚进行上述特殊作业时，宜保证作业区有充足的照明(见GB 50034)。

**12.3.3**　抽汲作业

抽汲绞车宜位于井眼、抽汲罐和池子的上风方向。如无风，摆放抽汲绞车时宜考虑主导风向。

**12.4**　射孔作业

有关射孔作业安全见SY/T 6308和SY/T 6228。

**12.5**　注水泥、酸化、压裂和泵送热油作业

有关注水泥、酸化、压裂和泵送热油作业人员要求见5.1。如有硫化氢，上述四种作业材料和设备的选用见9.2和9.4。一般安全要求见SY/T 6228。

**12.6**　不压井起下作业

除紧急情况或特殊环境要求在夜间作业外，不压井起下作业宜限于白天进行。

在不压井起下作业装置顶部作业时，每个人都应配备求生装置。任何人不得进入未配备适当安全设备(如用于撤离或应急用的自给气装置或方便取用的救生系统)的操作台。

**12.7**　连续油管作业

连续油管作业设备的选择和使用方法见第9章。连续油管的低温作业，会影响材料硬

度。宜通过质量控制程序监测连续油管作业状况。

**12.7.1**　滚筒位置

根据主导风向和井场条件，连续油管装置宜位于上风方向。滚筒及其传送设备的固定宜足以避免意外移动。

## 四、SY/T 6277—2005《含硫油气田硫化氢监测与人身安全防护规程》

**1　范围**

本标准规定了含硫油气田勘探、开发生产过程中对硫化氢监测与人身安全防护应遵守的基本准则。

本标准适用于陆上含硫油气田。

**2　规范性引用文件**

下列文件中的条款通过本标准的引用而成为本标准的条款。凡是注日期的引用文件，其随后所有的修改单(不包括勘误的内容)或修订版均不适用于本标准。然而，鼓励根据本标准达成协议的各方研究是否可使用这些文件的最新版本。凡是不注日期的引用文件，其最新版本适用于本标准。

GBZ 31—2002 职业性急性硫化氢中毒诊断标准

GB 8789—1988 职业性急性硫化氢中毒诊断标准及处理原则

SY/T 5087—2005 含硫化氢油气井安全钻井推荐作法

SY/T 6137—2005 含硫化氢的油气生产和天然气处理装置作业推荐作法

SY/T 6610—2005 含硫化氢油气井井下作业推荐作法

JJG 695—2003 硫化氢气体监测仪

**3　人员培训**

**3.1**　培训机构

培训机构负责对含硫化氢环境中作业人员进行硫化氢监测技术和人身安全防护措施的培训。培训机构应随时横向交流情报，了解国际、国内动向。

**3.2**　培训内容

在含硫化氢环境中的作业人员上岗前都应接受培训，经考核合格后持证上岗。培训内容按 SY/T 6137—2005 的相关内容执行。

**3.3**　培训时间

首次培训时间不得少于 15h，每两年复训一次，复训时间不得少于 6h。

**3.4**　考核要求

现场作业人员、现场监督及管理人员经培训后均应达到以下要求：

a）了解硫化氢的各种物理、化学特性及对人体的危害性，硫化氢对人体的毒害参考见附录 A；

b）熟悉硫化氢监测仪的性能、使用和维护方法；

c）熟悉各种人身安全防护装置的结构、性能，能正确使用和维护；

d）熟悉进入含硫化氢环境作业的安全规定和作业程序；

e）在发生硫化氢泄漏及人身急性中毒事故时，作业人员应会采取自救及互救措施；

f）应熟悉工作场所的应急预案。

## 4　硫化氢监测仪及硫化氢监测

### 4.1　硫化氢监测仪

应采用固定式和携带式硫化氢监测仪。

#### 4.1.1　固定式硫化氢监测仪

现场需24h连续监测硫化氢浓度时，应采用固定式硫化氢监测仪，探头数可以根据现场气样测定点的数量来确定。监测仪探头置于硫化氢易泄漏区域，主机应安装在控制室。

#### 4.1.2 携带式硫化氢监测仪

固定式和携带式硫化氢监测仪的第1级预警阈值均应设置在15mg/m$^3$，第2级报警阈值均应设置在30mg/m$^3$。

#### 4.1.3　报警浓度设置

作业人员在危险场所应配带携带式硫化氢监测仪，用来监测工作区域硫化氢的泄漏和浓度变化。

#### 4.1.4　硫化氢监测仪的性能要求

硫化氢监测仪的性能应满足表1所确定的要求

**表1　硫化氢监测仪应满足的参数**

| 参数名称 | 固定式 | 携带式 |
| --- | --- | --- |
| 监测范围/(mg/mm$^3$) | 0~150 | 0~150 |
| 显示方式 | 液晶显示(ppm或mg/mm$^3$)的信号传送 | 液晶显示(ppm或mg/mm$^3$) |
| 检测精度/% | ≤1 | ≤1 |
| 报警点/(mg/mm$^3$) | 0~150连续可调 | 0~150连续可调 |
| 报警精度/(mg/mm$^3$) | ≤5 | ≤5 |
| 报警方式 | (1)蜂鸣器；(2)闪光 | (1)蜂鸣器；(2)闪光 |
| 响应时间/s | $T_{50}$≤30(满量程50%) | $T_{50}$≤30(满量程50%) |
| 电源 | 220V，50Hz(转换成直流) | 干电池或镍镉电池 |
| 连续工作时间/h | 连续工作 | ≥1000 |
| 传感器寿命/年 | ≥1(电化学式)　≥5(氧化式) | ≥1(电化学式) |
| 工作温度/℃ | -20~50(电化学式)<br>-40~55(氧化式) | -20~55(电化学式)<br>-40~55(氧化式) |
| 相对湿度% | ≤95 | ≤95 |
| 校验设备 | 配备标准样品气 | 配备标准样品气 |
| 安全防爆性 | 本安防爆 | 本安防爆 |

硫化氢监测仪使用前应对下列主要参数进行测试：

a）满量程响应时间；

b）报警响应时间；

c）报警精度。

#### 4.1.5　硫化氢监测仪的校验及检定

硫化氢监测仪在使用过程中要定期校验。

固定式硫化氢监测仪一年校验一次，携带式硫化氢监测仪半年校验一次。在超过满量程浓度的环境使用后应重新校验。

硫化氢监测仪的检定应按JJG 695—2003规定进行。

**4.2** 含硫化氢作业硫化氢的监测

**4.2.1** 钻井过程

钻井过程中，钻到含硫油气层前，应充分作好硫化氢监测和防护的准备工作。

钻井过程中的硫化氢监测按 SY/T 5087—2005 的规定执行。

钻井现场应配备固定式硫化氢监测仪，并且至少应配备 5 台携带式硫化氢监测仪。

其他专业现场作业队也应配备一定数量的携带式硫化氢监测仪。

**4.2.2** 试油、修井及井下作业过程

试油、修井及井下作业过程中的硫化气监测根据作业情况按 SY/T 5087—2005 的规定执行。

试油、修井及井下作业过程至少应配备 4 台携带式硫化氢监测仪。

**4.2.3** 集输站

集输站中的硫化氢监测应采取固定式与携带式硫化氢监测仪结合使用的方式。

在各单井进站的高压区、油气取样区、排污放空区、油水罐区等易泄漏硫化氢区域应设置醒目的标志，并设置固定探头，在探头附近同时设置报警喇叭。

作业人员巡检时应佩带携带式硫化氢监测仪，进入上述区域应注意是否有报警信号。

固定式多点硫化氢监测仪放置于仪表间，探头信号通过电缆送到仪表间，报警通过电缆从仪表间传送到危险区域。

**4.2.4** 天然气净化厂

天然气净化厂硫化氢监测点应设置在脱硫、再生、硫回收、放空排污等区域，监测方法按 4.2.3 的规定执行。

**4.2.5** 水处理站

油气田水处理站及回注站中硫化氢的监测按 4.2.3 的规定执行。

## 5 人身安全防护设备及防护

**5.1** 防护设备

**5.1.1** 正压式空气呼吸装置

在硫化氢浓度较高或浓度不清的环境中作业，均应采用正压式空气呼吸器。

**5.1.2** 正压供气系统

在含硫环境中采用正压供气系统时，供气系统的空气压力为 0.5~0.7MPa，供气量按每人不小于 50L/min 计算。不同劳动强度下消耗空气量参见附录 B。

与供气系统配套使用的是可外接供气系统的正压式空气呼吸装置，或者是带快速接头的防毒面罩。供气系统应设置报警装置。

**5.1.3** 空气质量

空气呼吸器和正压供气系统的气质应符合表 2 的规定。

**表 2 空气呼吸器和正压供气系统出气气质**

| 氧气含量/% | 一氧化碳/(mg/m$^3$) | 二氧化碳/(mg/m$^3$) | 油分/(mg/m$^3$) |
|---|---|---|---|
| 19.5~23.5 | <15 | <1500 | <7.5 |

**5.2** 含硫化氢环境中的人身安全防护措施

**5.2.1** 安全防护措施

在含硫化氢环境中作业应采用以下安全防护措施：

a）根据不同作业环境配备相应的硫化氢监测仪及防护装置，并落实人员管理，使硫化

氢监测仪及防护装置处于备用状态；

b）作业环境应设立风向标；

c）供气装置的空气压缩机应置于上风侧；

d）重点监测区应设置醒目的标志、硫化氢监测探头、报警器及排风扇；

e）进行检修和抢险作业时，应携带硫化氢监测仪和正压式空气呼吸器；

f）当浓度达到15mg/m³预警时，作业人员应检查泄漏点，准备防护用具，迅速打开排风扇，实施应急程序；当浓度达到30mg/m³报警时，迅速打开排风扇，疏散下风向人员，作业人员应戴上防护用具，进入紧急状态，立即实施应急方案。

**5.2.2**　钻井过程

钻井过程中，打开硫化氢油气层验收时，作业人员应配备好正压式空气呼吸器及与空气呼吸器气瓶压力相应的空气压缩机，呼吸器和压缩机应落实人员管理。

钻井队生产班每人配备一套正压式空气呼吸器，另配一定数量的公用正压式空气呼吸器。

其他专业现场作业队也应每人配备一套正压式空气呼吸器。

井场应配备一定数量的备用空气钢瓶并充满压缩空气，以作快速充气用。

有关钻井过程中的安全操作按SY/T 5087—2005的规定执行。

**5.2.3**　试油、修井及井下作业过程

试油、修井及井下作业过程中，应配备正压式空气呼吸器及空气呼吸器气瓶压力相应的空气压缩机。

井场应配备一定数量的备用空气瓶并充满压缩空气，有关事项应参照SY/T 6610—2005执行。

**5.2.4**　集输站

集输站应配备足够数量的正压式空气呼吸器及与空气呼吸器气瓶压力相应的空气压缩机，应落实人员管理。

作业人员进入有泄漏的油气进站区、低凹区、污水区及其他硫化氢易于积聚的区域时，应按SY/T 6137—2005佩戴正压式空气呼吸器。

**5.2.5**　天然气净化厂

作业人员进入天然气净化厂的脱硫、再生、硫回收、排污放空区域检修和抢险时，应按SY/T 6137—2005携带正压式空气呼吸器。

**5.2.6**　水处理站

油气田水处理站及回注站中作业人员的人身安全防护按5.2.4的规定执行，并应符合SY/T 6137—2005的规定。

**6　硫化氢急性中毒分级、处理及禁忌症**

人员中毒后，应立即脱离现场，移至空气新鲜的上风方向，立即给氧。对呼吸、心跳聚停者应立即进行现场抢救(包括人工呼吸、心脏按压)，并转送医院。

硫化氢急性中毒分级、处理及禁忌症按GB 8789—1998和GBZ31—2002的规定执行。

# 附录二　企业相关规章制度

## 一、中国石化硫化氢防护安全管理规定

**第一条**　为防止发生硫化氢中毒事故，特制定本规定。本规定适用于股份公司所属各炼化、施工、销售、科研单位(以下简称各单位)，油田企业参照执行。

**第二条**　存在硫化氢危害的新建、改建、扩建工程项目，硫化氢中毒防护设施应与主体工程同时设计、同时施工、同时建成投用。

**第三条**　对存在硫化物的生产工艺应从原油评价开始，对生产过程物料中的总硫和硫化氢分布、生产环境中的硫化氢浓度等绘制动态硫分布图或表，制定相应的加工方案、工艺和管理措施。严格执行设备维护保养的规定和要求。对高温高压易腐蚀部位，应加强设备检测。对不符合防止硫化氢中毒要求的作业场所要立即采取相应的治理措施。

**第四条**　因原料组分、加工流程、装置或操作条件发生变化可能导致硫化氢浓度超过允许含量时，主管部门要立即通知有关车间、班组或岗位。主要装置控制室应设置含硫原料(介质)硫或硫化氢含量动态显示牌。

**第五条**　含硫污水应密闭送入污水汽提装置处理，禁止排入其他污水系统或就地排放。保证脱硫和硫黄回收装置的正常运转，做好设备、管线密封，禁止将硫化氢气体直接排入大气。

**第六条**　加快工艺技术的革新改造，对所有含硫化氢介质的采样应改为密闭方式，从根本上减少硫化氢的危害。

**第七条**　可能发生硫化氢泄漏的单位要制定相应的作业过程防护管理规定，并建立定期隐患检查整改制度。

**第八条**　硫化氢浓度超过国家职业接触限值或曾发生过硫化氢中毒的作业场所，应作为重点隐患点进行监控，并建立台账。

**第九条**　可能发生硫化氢泄漏的场所应设置醒目的中文警示标识，存在硫化氢的工作场所应在醒目位置设置硫化氢告知牌。发生源多且集中、影响范围较大时，可在地面用红色警示线标示区域范围。

装置醒目位置应设置风向标。

**第十条**　在可能有硫化氢泄漏的工作场所应设置固定式硫化氢检测报警仪。显示报警盘应设置在控制室，现场硫化氢检测探头的数量和位置按照有关设计规范进行布置。固定式硫化氢检测报警仪低位报警点应设置在 $10mg/m^3$，高位报警点应设置在 $50mg/m^3$。

上述场所操作岗位应配置便携式硫化氢检测报警仪，其低位报警点应设置在 $10mg/m^3$，高位报警点应设置在 $30mg/m^3$。凡进入装置须随身携带硫化氢报警仪；在生产波动、有异味产生、有不明原因的人员昏倒及在隐患部位活动(包括酸性水、瓦斯逸出部位、排液口、采样口、储罐计量等)时，均应及时检测现场浓度。

所使用的检测报警仪应经国家有关部门认可，并按技术规范要求定期由有检测资质的部门校验，并将校验结果记录备查。硫化氢检测报警仪的安装率、使用率、完好率应达

到100%。

**第十一条**　根据不同岗位的工作环境为作业人员配备适量适用的防护器材，并制定使用管理规定。

当硫化氢浓度低于50mg/m$^3$时可以使用过滤式防毒用具，在硫化氢浓度大于50mg/m$^3$或发生介质泄漏、浓度不明的区域内应使用隔离式呼吸保护用具，供气装置的空气压缩机应置于上风侧。装置有多种型号过滤式防护用具时应选用防硫化氢型的滤毒罐。

禁止任何人员不佩戴合适的防护器具进入可能发生硫化氢中毒的区域，禁止在有毒区内脱卸防毒用具。

**第十二条**　进入含硫化氢介质的设备前，应切断一切物料，彻底冲洗、吹扫、置换，加好盲板，经取样分析硫化氢含量及氧含量合格、落实好安全防护措施后，在有人监护的情况下方可进入作业。

**第十三条**　进入工业下水道(井、污水井、密闭容器等危险场所作业，要按照《进入受限空间作业安全管理规定》执行。

**第十四条**　在含有硫化氢的油罐、粗汽油罐、轻质污油罐、污水罐及含酸性气瓦斯介质等设备上作业时，必须佩戴适用的防护器具，作业时应有人监护。

**第十五条**　硫化氢检测仪器报警时，作业人员应佩戴防护用具、检查泄漏点、准备防护用具并向上级报告，同时疏散下风向人员，禁止一切动火作业，迅速查明泄漏原因并控制泄漏；抢救人员立即进入戒备状态；硫化氢浓度持续上升无法控制时，要立即疏散人员并实施应急方案。

**第十六条**　可能发生硫化氢中毒的作业场所，在没有适当防护措施的情况下，任何单位和个人不得强制作业人员进行作业，同时作业人员有权拒绝进行作业，并可直接向上级安全主管部门报告。

**第十七条**　凡进入含硫化氢环境的人员均应接受硫化氢防护教育培训，经考核合格，并经上岗前职业健康检查合格后方可持证上岗。

培训内容应包括有关硫化氢的基本毒性及防护知识、有关安全操作规程和作业管理规定、硫化氢检测仪器及防护设备的使用和管理规定、工作区域硫化氢分布、急性硫化氢中毒急救措施等，每年复训1次。

**第十八条**　外来人员(含承包商)应接受相关培训并执行本规定。第十九条硫化氢岗位的作业人员应进行上岗前、在岗期间定期及离岗前职业健康检查。

**第十九条**　定期对可能存在硫化氢的工作场所进行硫化氢浓度检测，并将结果向员工公布、存档。

**第二十条**　可能存在硫化氢泄漏的单位要制定应急救援预案并建立急救网络，保证现场急救、撤离护送、转运抢救通道畅通，预案应定期演练，并及时进行修订完善。

**第二十一条**　发生硫化氢中毒时，救(监)护人员应佩戴适用的防护用具，立即将中毒人员脱离危险区，到上风口对中毒人员进行现场人工呼吸或心肺复苏术，及时送有条件的医疗单位进行抢救，同时通知气防站和有关单位。

**第二十二条**　本规定自印发之日起执行，原《中国石油化工集团公司安全生产监督管理制度(中国石化安〔2004〕553号)中《硫化氢防护安全管理规定》同时废止。

**第二十三条**　本规定由股份公司安全环保部负责解释。

## 二、中海油硫化氢安全程序

### 1　简介

油/气生产和处理过程中经常遇到一种危险且有可能会被人体接触到的高毒性的气体——硫化氢气体（$H_2S$）。那么采用优良的工程设计，良好的工作计划，人员培训以及正确使用个人防护用品可以预防与硫化氢（$H_2S$）相关的事故和突发事件。

在石油、天然气井以及它们的生产、加工及运输的设施里，会遇到硫化氢。不同的场所，硫化氢的浓度是不同的(浓度从忽略不计到极高)。即使硫化氢的浓度是致命的时候，人们也不能闻觉到，这也正是硫化氢危险的原因。由于有臭鸡蛋味，低浓度的硫化氢是很容易被察觉，但也很危险，因为人们对低浓度的硫化氢不当回事，当浓度急剧上升时没有采取相应的准备工作。

### 2　目的

制定硫化氢（$H_2S$）安全程序的目的是：

- 提供对硫化氢（$H_2S$）来源和潜在危险的认识
- 提供对不同硫化氢（$H_2S$）的浓度采取相应措施的培训
- 为那些需要戴呼吸保护设备来进行工作的人员提出了进行吻合测试的要求，这种吻合测试非常重要，因为有些人的面部特征无法使呼吸面罩和面部之间达到良好密封
- 为在会出现硫化氢（$H_2S$）的工作场所安全地工作提供了指导方针

### 3　要求/方针

**3.1**　本方针旨在识别、评价和控制因会（或者怀疑会）出现硫化氢（$H_2S$）而形成有隐患的工作环境方面提供帮助。

**3.2**　表1 列出了硫化氢（$H_2S$）的特性。可能会接触到硫化氢（$H_2S$）的人员应认识到和理解这些特性的重要性。任何硫化氢（$H_2S$）方面的培训也应包括对这个重要特性的介绍。

**3.3**　不同的位置，硫化氢的浓度是不同的。具体硫化氢浓度的毒性作用会产生不同的反映，它取决于接触时间、浓度高低、人员的身体状况以及接触的频率。表 2 表明硫化氢对健康的影响以及当出现有危险迹象时应采取的措施。在与硫化氢接触的前 24h 内饮酒会使人员更易产生有害反应，即便浓度很低。

**3.4**　所有可能会接触到硫化氢（$H_2S$）的人员都要接受强制性的有关硫化氢（$H_2S$）来源和危险的培训。培训必须至少包括以下内容：

- 硫化氢（$H_2S$）可能会在什么地方积聚
- 测试和测量硫化氢（$H_2S$）浓度的程序
- 自带气瓶式或供气式呼吸器的使用

守护人员的角色以及营救和急救的技术也应作为硫化氢（$H_2S$）培训课程中的内容。有关硫化氢（$H_2S$）安全培训方面更进一步的资料，可参阅 3. 8。

**3.5**　怀疑有硫化氢（$H_2S$）的区域应当作危险区域来对待，应由穿上整套呼吸保护设备的人员对其作测试，直到确定不用供气式呼吸器也可安全地进入为止。只有在营救人员穿戴上合格的呼吸器后才能进行营救因硫化氢（$H_2S$）中毒而倒下的人员。

**3.6**　综合性的安全信息

**3.6.1**　硫化氢（$H_2S$）气体是一种酸性气体，有时存在于天然气里，可能是石油开发作

业中会遇到的最危险的毒性气体。在低浓度状态下，有一股特殊的臭鸡蛋味道。在浓度达到100ppm 以上时，人的嗅觉很快就会被麻痹而失效。因此，仅靠嗅觉来探测硫化氢（$H_2S$）气体的存在是很不可靠的。

**3.6.2** 硫化氢（$H_2S$）可能存在于生产出来的天然气里或与原油相结合的形式存在于原油里。浓度从 0.1 ppm（此浓度时，气味很微弱）到一个很高的浓度（该浓度会使人突然死亡）。因此，当存在有潜在毒性浓度的硫化氢的时候，呼吸保护是绝对重要的。

**3.6.3** 对于中海油深圳分公司，如流花油田的浮式生产系统（半潜式生产平台）的作业来讲，可能会出现硫化氢（$H_2S$）的区域包括但不局限于以下区域：振动筛、泥浆房、井台、直升机燃油处理房、机房和泵房。而对于中海油深圳分公司浮式生产储油轮的作业来讲，可能会出现硫化氢（$H_2S$）的区域包括但不局限于以下区域：安全燃油系统、主泵房、原油外输的管道系统、所有原油生产流程区域以及任何管线的排放段。

**3.6.4** 硫化氢（$H_2S$）比空气要重，蒸气密度是空气的 1.189 倍。因此，更高浓度的硫化氢（$H_2S$）会移往并积聚在低凹的区域，如舱里、地下室、沟渠和自然地形上的低洼点。然而，硫化氢（$H_2S$）可以完全与空气混合。

**3.6.5** 硫化氢（$H_2S$）是极易燃的气体，它的爆炸范围是 4.3%～46%（与空气的体积比）。

**3.6.6** 知道生产的天然气和原油里含有硫化氢（$H_2S$）时，所有产物的处理都应在设计用来限制硫化氢（$H_2S$）气体外溢的密闭系统里进行。必要时，必须以安全的方式来处置这种气体。

**3.6.7** 周围的空气由于发生事故/泄漏或有必要打开某个密闭系统而受到硫化氢（$H_2S$）污染时，所有人员应穿戴规定的呼吸保护设备并实施专为此设施制定的硫化氢（$H_2S$）安全应急计划。

**3.6.8** 一旦硫化氢（$H_2S$）出现或怀疑会出现在工作人员会接触到的空气环境中时，则必须使用自带气瓶式或供气式呼吸器（请参阅 GSP 29）。只有使用正压式呼吸器才能起到防止吸入硫化氢（$H_2S$）气体的作用。绝对不能使用普通呼吸设备和滤毒罐式防毒面罩。

**3.6.9** 如果在一个工作间或已经确认不会出现硫化氢（$H_2S$）的“安全”区域工作而感觉眼睛受到刺激时，应立即采取以下防范措施：

- 马上离开此区域，并走到上风处
- 用水彻底地冲洗眼睛
- 如果有必要返回到原来的工作地点，则应穿戴上能罩着整个面部的自带气瓶式或供气式呼吸设备

**3.6.10** 由于接触硫化氢（$H_2S$）的结果是使控制呼吸系统的神经系统瘫痪，那么人会很快失去知觉并停止呼吸。如果能迅速把受害人移到一个安全的地方并立即实施人工呼吸抢救，完全复苏的机会还是有的。

**3.6.11** 实施人工呼吸抢救不能有一丝延误，否则会降低复苏的机会。但是，实施人工呼吸抢救一定要连续进行，直到恢复正常呼吸为止，或直到一位专业医护人员完全负起抢救病人的责任为止，或直到营救人员本身的身体条件所限而无法再继续下去为止。

**3.6.12** 任何硫化氢中毒的人员一定要作为休克来治疗，就是说，在做人工呼吸时应让受害者身体保持暖并且镇静，直到得到医务人员的诊断完后将其释放离开。

**3.6.13** 硫化氢（$H_2S$）与铁/钢起化学反应而形成硫化铁，然后硫化铁与空气反应而

形成氧化铁。后者的放热反应会产生足以点燃可燃蒸气的热量。在有或怀疑有硫化铁出现的地方，在对其进行处理时要用水保持整个表面湿润。应尽量把有硫化铁出现的表面与空气接触的可能性降到最低限度，直到正确地覆盖带有硫化铁的表面或将其置于受控的反应为止。

**3.7**　硫化氢（$H_2S$）的防护

**3.7.1**　在海上设施上，安装 $H_2S$ 探测系统以及足够的被认可的应急呼吸装置，以便在 $H_2S$ 应急情况下使用。

**3.7.2**　必须尽可能地从上风方向接近可能有硫化氢（$H_2S$）出现的工作场所。

硫化氢（$H_2S$）溶于水以及潮湿黏性的隔膜上，因此，所有防硫化氢（$H_2S$）的呼吸保护设备应配备能罩住整个面部的面罩。

**3.7.3**　在含有硫化氢（$H_2S$）气体浓度超过 10 ppm 的空气环境中（如在油舱、舱口盖、地下室、地漏、容器、其他限制性空间及敞开空间），只能使用以下设备：

- 自我供气式呼吸器——在需要更多移动自由度的地方最适用，但使用时间仅限于15~30min。
- 空气管供气式呼吸器——配备以防紧急情况下使用的辅助自带气瓶供气。

**3.7.4**　当人们要进入一个硫化氢（$H_2S$）浓度已超过600 ppm 而应佩戴呼吸面罩的区域时，应安排有看护人员。

**3.7.5**　如果有可能，看护人员应该有自己的呼吸源，该呼吸源应与被看护人员的呼吸源独立分开并且在受 $H_2S$ 污染的区域之外。否则，看护人员应戴上呼吸保护装置直到在里面工作的人员清除掉浓度高于 300ppm 的硫化氢。

**3.7.6**　必须给在硫化氢（$H_2S$）危险区域内工作的人员的安全背心上牢固地绑上一根有足够强度和长度的，在应急情况下可把人从危险区域移到安全区域的救生索。

**3.7.7**　硫化氢普遍存在的区域应该有随时可用的额外供气的自动型人工呼吸器或类似装置。供呼吸的气体务必是 D 级或者是医用氧气的混合气（参考 GSP 29）。禁止使用焊工氧气，因为该气体含有危险物质。

**3.7.8**　在有潜在危险的环境下工作时，保护装置处于能够迅速容易到达的地方。最理想的是把面罩和呼吸器放置于能一口气走到的地方。

**3.7.9**　需要在硫化氢（$H_2S$）存在的环境中长期工作的人员应接受有关呼吸器使用、心肺复苏术（CPR）以及与硫化氢（$H_2S$）有关的危险等方面的培训。

**3.7.10**　应在硫化氢（$H_2S$）浓度可能会达到或超过 300ppm 的区域放置风向标。

**3.7.11**　应考虑在因泄漏而会接触到毒性硫化氢（$H_2S$）气体的建筑物、密闭空间或其他区域内安装固定式硫化氢（$H_2S$）气体探测/报警系统。此系统必须能够启动现场的与众不同的声音和视觉的报警信号并且被控制室监控。

**3.7.12**　警告标志和报警器应与其他正在使用的标志分开。

**3.7.13**　在可能存在硫化氢（$H_2S$）的环境里工作的人员必须随时佩戴气体探测器。佩戴在身上的探测器有多种类型，但通常是把其附着在衣服上。这些探测器应配备有一个能给出以 ppm 为单位的浓度值的仪表或数字显示器。应把它们戴在身上尽可能低的部位，但任何情况下都不能高于腰部位置。它们会持续监测环境中硫化氢（$H_2S$）的浓度，并在硫化氢（$H_2S$）浓度达到有危险的极限值时会发出一个听得见的警报。

**3.7.14**　不允许没有佩戴正确呼吸保护设备的人员进入一个已知硫化氢（$H_2S$）浓度或

怀疑硫化氢（$H_2S$）浓度已超过 10ppm 的区域。

**3.7.15**　必须由合格的人员来密切监控会让员工接触到硫化氢（$H_2S$）的工作。

**3.7.16**　在有硫化氢存在的环境下，不允许脸上留有会影响呼吸器面罩和面部之间密封的发须（胡子）（请参阅 GSP 12 章节）。

**3.8**　人员培训

至少在海上设施或陆地上，应该由合格的老师开展有关硫化氢的课程培训。培训课程应包括行业标准以及中海油深圳分公司的具体标准。相关的监督人员也应参加 $H_2S$ 的培训课程。任何类似的培训应至少包括以下主题：

- 硫化氢（$H_2S$）气体的特性
- 硫化氢（$H_2S$）气体的探测方法和防护设备
- 对硫化氢（$H_2S$）气体采取的个人防护措施
- 与硫化氢（$H_2S$）气体有关的急救和营救演习
- 适用的国家/国际法规
- 防腐蚀
- 与硫化氢（$H_2S$）气体有关的公司安全政策
- 应急反应计划

在有硫化氢可能泄漏的设施上，应给所有雇员提供有关硫化氢的培训。雇员们所接受的具体培训类型取决于他们各自的工作任务，以及他们工作时与 $H_2S$ 接触的可能性。也就是说，一些人员所接受的培训级别要高些，主要是他们的日常工作区域有潜在硫化氢危害，但那些较少有机会接触 $H_2S$ 的人员所接受的培训内容可以简化。

**3.9**　应急反应计划

必须准备好适用于特定工作现场硫化氢（$H_2S$）应急反应计划，其包括以下内容：

- 设备的描述和布局
- 描述设施上的硫化氢（$H_2S$）系统
- 描述/指出需要作安全教育的地方
- 井控程序
- 硫化氢（$H_2S$）气体被点燃时应采取的预防措施
- 清楚说明在应急情况下每个工作人员的职责
- 详细的撤离计划

应急反应计划必须列明要采取每一个步骤时对应的 ppm 值/极限值。还应包括在油田区域内的直升飞机和供应船/守护船所采取的预防措施。

**4　益处**

硫化氢（$H_2S$）安全程序的益处表现在：

- 持续清醒意识到和重视硫化氢（$H_2S$）所带来危害
- 营造一个更安全的工作环境
- 为处理 $H_2S$ 紧急情况，提供了良好的受训队伍

**5　参考**

- GSP 12——个人饰物程序
- GSP 29——呼吸保护设备程序
- 特定设施的硫化氢（$H_2S$）安全应急计划

## 三、中国石化防止硫化氢中毒十条规定

（1）推进技术进步，加快技术改造，实现密闭生产。
（2）含硫污水应集中处理、禁止排入其他污水系统。
（3）涉及硫化氢的生产操作、检修及有关作业人员上岗前应接受培训，持证上岗。
（4）摸清硫化氢的分布状况，做出分布图，并在危险作业点设置警示牌。
（5）配备合格的硫化氢防护用品，切实加强管理。
（6）进行硫化氢浓度检测，采取有效措施，及时发布公告，防止中毒事故发生。
（7）在硫化氢易积聚的区域，应安装硫化氢检测报警器。
（8）在硫化氢易积聚的区域内作业，应佩戴适用的防护用品。
（9）在硫化氢易积聚的区域内作业，应设专人监护。
（10）对接触硫化氢的作业人员，应按规定进行体检。

# 附录三　国家安全生产监督管理总局有关文件

## 一、国家安全生产监管总局关于加强高压油气田井控管理和防硫化氢中毒工作的意见[安监总管一(2006)103号]

各省、自治区、直辖市及新疆生产建设兵团安全生产监督管理局，有关中央企业：

近年来，在各方面的共同努力下，石油天然气安全生产总体形势稳定。但是，随着石油天然气勘探开发力度的加大，由此带来的安全生产风险也在不断增加，全国相继发生了多起重特大井喷失控、硫化氢中毒事故，造成大量人员伤亡或导致大量群众疏散，给社会带来了严重不良影响。高压油气田井喷失控和硫化氢中毒事故的频繁发生，已经成为影响石油天然气安全生产的突出问题。为防范重特大事故的发生，保障石油天然气安全生产，现就加强高压油气田井控管理和防硫化氢中毒工作提出以下意见。

*1. 坚持“安全发展”的原则，落实企业安全生产主体责任*

安全生产关系人民群众生命财产安全，关系改革发展和稳定的大局。人的生命是最宝贵的，发展不能以牺牲人的生命为代价。高度重视和切实抓好安全生产工作，是坚持立党为公、执政为民的必然要求，是贯彻落实科学发展观的必然要求。各石油天然气企业要牢固树立以人为本的理念，进一步提高做好石油天然气安全生产工作重要性的认识，坚持发展速度服从于安全生产，成本效益服从安全质量，确保安全投入，决不允许为控制成本而减少和弱化安全措施，决不允许因追求工程进度而忽略安全生产的任何程序和环节，坚持把工作抓细抓实抓好，切实做到科学发展、安全发展。

企业是安全生产责任主体，主要负责人对本单位的安全生产工作全面负责。各石油天然气企业要建立健全以岗位责任为主要内容，以主要负责人为中枢的安全责任体系，把安全责任分解落实到所属各部门、班组、岗位和人员，做到横向到边、纵向到底，不留死角；健全、完善标准规范、管理体系和运行机制，全面落实安全责任；结合实际，实施安全生产工作绩效量化考核，严格奖惩，建立有效的激励约束机制。

*2. 加强生产组织，严格对高压油气田的安全监管*

安全生产工作是一项系统工程，涉及勘探开发的全过程。各石油天然气企业要将井控管理和防硫化氢工作贯穿于钻井、地质、测井、录井、试油(气)、修井、采油(气)等作业的设计和施工全过程；在开发高压、高含硫、高危地区的油气田时，以安全生产为前提，合理规划，全面评估开发方案；根据不同的地质条件、地质构造、储气机理、地表环境等特点，强化地质勘探、施工组织、现场管理、生产工艺流程、设备设施选用、应急预案编制与演练等方面的工作，配足井控设施、设备和硫化氢监测仪器、仪表；建立严格的技术管理制度和施工设计审批程序，对钻井、试油和井下作业，特别是井控、固井、射孔和压裂等环节的施工设计、技术措施实行严格的技术论证和审批程序；对完钻探井和开发井的工程质量、废弃井处理、探井转开发井等进行严格的安全风险评估。

地方各级安全监管部门要高度重视石油天然气安全监管工作，加强安全监管力量，配备相应的专业监管人员，建立相关的技术支撑体系，将高压、高含硫、高危地区油气田的安全监管工作纳入重要议事日程；组织专业技术讲座、培训，提高安全监管人员的业务水平和履职能力；严格安全审查和行政许可工作，加强现场监督检查，严肃处理各种违反安全生产法律、法规的行为，督促企业全面落实主体责任。

3. 严格执行"三同时"制度，规范安全生产许可工作

《安全生产法》、《安全生产许可证条例》及《非煤矿矿山建设项目安全设施设计审查与竣工验收办法》(原国家安全监管局令第18号)等国家有关法律、行政法规和规章对安全生产审查、许可工作做出了明确规定。石油天然气建设项目安全设施必须与主体工程同时设计、同时施工、同时投入生产和使用，按有关规定编制安全预评价报告、安全专篇和验收评价报告，履行安全设施设计审查和竣工验收手续。安全设施设计未经安全监管部门审查同意，不得施工；未经验收合格，不得投入生产和使用。

石油天然气生产单位以及提供物探、测井、录井、钻井、井下作业、储运等专业技术工程服务的单位都应按《非煤矿矿山企业安全生产许可证实施办法》(原国家安全监管局令第9号)等规定办理安全生产许可证，在今年6月30日前未取得安全生产许可证的，不得继续从事专业技术工程服务。石油天然气生产单位不得将专业技术工程承包给未取得安全生产许可证的单位。因将工程承包给未取得安全生产许可证的单位而导致事故的，要严肃追究甲、乙双方及有关人员的责任。

4. 依靠科技进步，提高本质安全水平和事故防范能力

积极整合我国石油天然气安全技术研究力量，建立一支高素质的石油天然气安全技术研究队伍。在石油天然气安全生产技术咨询、应急救援、检测检验、立法、培训、评价等方面，积极发挥有关科研院所、行业协会、中介组织等作用，逐步形成完整的技术支撑体系。按照国家的整体部署，实施产学研相结合，积极推广和应用安全生产科技新成果，采用科技含量较高、安全性能可靠的新技术、新工艺、新设备和新材料，提高抵御事故风险的能力，提升本质安全水平。各石油天然气企业应针对本企业在工艺技术、材料应用技术等方面存在的重大问题，加大科技投入，组织有关科研单位、技术专家进行攻关，力争在解决关键技术问题上取得成效。

要积极研究和支持石油天然气安全生产法律法规建设，提出石油天然气安全生产的法律体系建设目标的意见和建议，特别要针对井喷等事故多发的突出问题，制定防硫化氢中毒、防井喷失控等相关部门规章，修订相关标准，适时把一些推荐性标准转化为强制性标准。各石油天然气企业要认真贯彻落实相关的法律、法规和标准，积极采用国际先进的技术标准，根据新的国家标准和行业标准重新审查本企业的勘探开发技术规范和相关标准，从技术上遏制井喷失控、硫化氢中毒等事故的发生。

5. 加强职工安全教育培训，推动安全文化建设

各石油天然气企业要围绕防井喷失控、防硫化氢中毒，大力宣传落实《钻井井控技术规程》(SY/T 6426—2005)等新标准、新规程，强化新技术、新工艺应用和新标准实施的安全培训，使职工及时掌握新的知识和技能；以各种监督人员、基层管理人员和操作人员为重点，加强安全培训工作，从事钻井生产、技术和安全管理等有关人员、在硫化氢环境中作业人员必须按规定经过井控技术培训、硫化氢监测技术和人身安全防护措施的培训，经考试合格，取得相应证书后方可上岗。

采取多种形式，加强全员安全意识教育和管理人员社会责任教育，努力实现"零伤害、零事故、零污染"的目标；认真解决职工实际困难，充分调动人人参与安全管理的主观能动性，

积极培养企业安全文化，使职工由“要我安全”向“我要安全”转变，自觉把各项规章制度落实到实际工作中，使安全生产成为一种信念、一种企业文化，促进安全生产基本要素的落实。

6. 完善应急救援体系，严肃事故调查处理

各石油天然气企业要加强应急救援工作，完善应急救援队伍、装备、物资、技术等资源的配置和装备，分级、分层编写事故应急预案，增强预案的科学性和可操作性；加强与当地政府、有关部门的联系，以及对可能受到影响的周边群众进行宣传教育，提高应急工作水平；坚持预防为主、平战结合，搞好各种工况下的防喷演习和应急演练，并针对演练中发现的问题，及时进行总结，修订完善预案，提高应急处置能力。

各石油天然气企业要树立井喷失控就是责任事故、事故是可防可控的观念，从抓未遂事故、轻伤事故和重伤事故入手，实事求是，深入调查，认真分析原因，举一反三，及时采取防范措施，减少一般死亡事故，防范重特大事故。进一步规范伤亡事故和复杂险情逐级报告制度，对于发生的伤亡事故或社会影响较大、涉险达 50 人以上以及媒体披露的特大伤害未遂事故，要按照规定的程序、时限等要求报告安全监管部门。对于死亡事故，按照分级管理的原则，各级安全监管部门要会同有关部门，按照“四不放过”的原则，认真查处，严肃责任追究，督促落实防范措施。

7. 开展安全专项督察，消除事故隐患

国家安全监管总局已将防硫化氢中毒和防井喷失控列为今后几年的重点工作任务之一。今年下半年，国家安全监管总局将组织中国石油、中国石化、中国海洋石油及相关省（区、市）安全监管局对高压、高含硫、高危油气田及近年发生过井喷失控事故、硫化氢中毒事故的油气田进行抽查。重点检查关键设备、主要措施和制度落实情况。

请各石油天然气企业根据实际情况，组织防硫化氢中毒和防井喷失控的自查，对油藏工程、钻井工程、试油和井下作业等进行事故隐患排查，要重点检查井场、站点和集输系统的安全设施、安全距离是否符合有关标准、规程的要求。对于可能危及安全的隐患，要立即进行整改；不能立刻进行整改的必须立即停工，同时制定出具体的整改方案，明确隐患整改负责人和整改时间表，确保整改措施落实到位。

请各级安全监管部门、各石油天然气企业认真贯彻执行。

## 二、国家安全监管总局关于今年以来发生的硫化氢中毒因盲目施救造成伤亡扩大事故情况的通报[安监总危化(2007)187 号]

各省、自治区、直辖市及新疆生产建设兵团安全生产监督管理局，有关中央企业：

9 月 1 日，江苏省扬州市宝应县广洋湖镇健宝有限公司（以下简称健宝公司）组织工人清理藕制品的腌制池时，1 人硫化氢中毒后，8 人盲目参与施救，最终造成 6 人死亡、3 人重伤。这是一起因盲目施救造成伤亡扩大的严重事故。国务院领导同志对此事故作出重要批示，要求通报全国，提醒各地防止同类事故发生。

今年以来，全国有 17 起事故因施救不当或盲目施救，造成人员伤亡扩大，最初涉险 57 人，最终导致 85 人死亡、46 人受伤。在这 17 起事故中，4 起为矿山企业事故，13 起为其他行业事故。在 13 起其他行业事故中，最初涉险只有 17 人，因盲目施救增加死亡 24 人，并造成 22 人受伤，其中：硫化氢中毒 9 起，死亡 28 人、伤 14 人，死伤人数分别占这 13 起事故伤亡总数的 68.3%和 63.6%。为落实国务院领导同志的重要批示精神，深刻吸取江苏省扬州市“9 · 1”硫化氢中毒等近期发生的盲目施救造成事故伤亡扩大的惨痛教训，现将有

关情况通报如下：

1. 江苏省扬州市“9·1”硫化氢中毒事故情况

健宝公司是一家乡镇企业，主要生产藕腌制品。9月1日前，该企业已经停产3个多月。为恢复生产，需对腌制池进行清理。腌制池位于玻璃钢顶的厂房内、敞口。腌制池深3.2m、长和宽各4m，池内盐水深0.3m。

9月1日16时左右，健宝公司的1名工人下到腌制池进行清理作业时，感觉不适，于是停止作业，在向池上爬的途中摔下。池边的另外1人发现后，立即呼救，随后相继有8人下池施救中毒。事故发生后，经取样检测，腌制池内硫化氢气体浓度达24mg/m$^3$（空气中最大允许浓度是10mg/m$^3$）。

据初步调查分析，腌制池底的盐液等残留物在夏季高温期间产生的硫化氢气体沉积在池内，浓度超标准。健宝公司在组织工人清理腌制池前，没有进行有害气体检测，现场也没有有毒有害气体检测设备；在清理过程中，没有采取强制通风措施，只靠自然通风；作业人员没有佩戴防护用具，没有配备便携式有毒有害气体报警仪；8名施救人员也没有佩戴防护用具，冒险施救，造成伤亡扩大。

2. 易产生硫化氢的场所和今年以来发生的因盲目施救造成伤亡扩大的典型事故

硫化氢（$H_2S$）是无色气体，有特殊的臭味（臭鸡蛋味），易溶于水；比重比空气大，易积聚在通风不良的城市污水管道、窨井、化粪池、污水池、纸浆池以及其他各类发酵池和蔬菜腌制池等低洼处。硫化氢属窒息性气体，是一种强烈的神经毒物。硫化氢浓度在0.4mg/m$^3$时，人能明显嗅到硫化氢的臭味；70～150mg/m$^3$时，吸入数分钟即发生嗅觉疲劳而闻不到臭味，浓度越高嗅觉疲劳越快，越容易使人丧失警惕；超过760mg/m$^3$时，短时间内即可发生肺水肿、支气管炎、肺炎，可能引起生命危险；超过1000mg/m$^3$，可致人发生电击样死亡。

今年以来发生的几起硫化氢中毒事故如下：

（1）加工含硫原油过程中会产生硫化氢。5月27日，安徽省宿松县汇口镇一土炼油厂2名工人清洗炼油池，吸入了池中飘出的大量硫化氢气体导致中毒死亡，1名探亲群众盲目施救，也相继中毒死亡。

（2）天然气中有的含有硫化氢。7月7日，中国第八冶金建设安装工程有限公司兰州分公司承接的兰州天然气管道安装工程施工时，1人中毒被熏倒，随后4人因盲目施救也被熏倒，导致3人死亡、2人中毒受伤。

（3）有机物发酵腐败场所，如制糖、造纸、制革等行业易发硫化氢中毒事故。8月7日，甘肃靖远县华夏纸品工贸有限公司1名职工在清理纸浆池时发生硫化氢中毒，另5名职工在营救过程中发生连锁中毒事故，造成3人死亡、3人受伤。

（4）咸菜、咸鱼腌制过程中也会产生硫化氢。7月11日，浙江省湖州市德清县新市镇德清豪鹰生物酵母厂1名职工在酵母车间发酵罐内清理垃圾袋时硫化氢中毒晕倒，另2名职工未采取防护措施，先后进入发酵罐内盲目施救，中毒晕倒，导致3人死亡。

（5）污水管道、窨井、污水泵站、污水管道、污水池、炼油池、纸浆池、发酵池、垃圾堆放场、粪池等清淤和维修作业也会发生硫化氢中毒事故。5月5日，天津市津南区振兴实业有限公司在对该区黑子食品有限公司污水处理池进行污水、污泥清理时，未经检测，就进入通风不畅的污水池内作业，2名施工人员作业时硫化氢中毒晕倒，另2名施工人员盲目下池施救，也相继晕倒，共造成2人死亡、2人受伤。

（6）船舱、地下隐蔽工程、密闭容器、长期不用的设施或通风不畅的场所等，也是容易产生硫化氢中毒窒息的场所，极易发生人员中毒伤亡事故。4 月 25 日，浙江省温岭石塘镇箬山“浙岭渔运 243 号”渔船 1 名船员在船舱里洗舱，导致硫化氢中毒，另有 5 人因施救不当相继中毒，造成 2 人死亡、4 人受伤。

3. 防止发生同类事故的有关要求和措施

（1）广泛宣传防中毒、防窒息安全知识，提高公众和企事业单位防范硫化氢中毒的意识。要充分利用电视、广播、报纸、刊物、网络等媒体，以通俗易懂的方式，宣传识别硫化氢等常见有毒有害气体的方法、防范中毒事故和急救等安全知识，提高民众防范硫化氢等中毒事故的安全意识。充分发挥专家和专业协会的作用，指导和帮助社区开展防范中毒窒息事故的安全培训，提高公众应急处置能力，杜绝因施救不当、盲目施救导致伤亡扩大或引发次生事故。

要加强对作业人员的安全教育和急救培训，使有关人员了解硫化氢等有毒有害气体可能存在的场所、危害性和特点，掌握自救互救知识，防止盲目施救。特别是要加强对从事清淤、维修作业的临时工、农民工、外包单位人员等的安全培训。

（2）建立和完善防中毒、防窒息的安全管理制度，配备相应的安全防护器材。有关行业和企事业单位要对本单位产生和容易积存硫化氢的装置、设备、设施和重点部位等进行普查，建立作业前的中毒和窒息危害辨识制度、进入密闭空间或受限空间作业前的气体采样分析制度等。凡有进入坑、池、罐、釜、沟、井下、管道等存在或可能存在硫化氢气体的密闭空间、通风不畅的场所作业的，都应制定作业许可程序、作业安全规程、安全措施和应急预案，明确作业负责人、作业人员和外部监护人员的职责；不得将进入井下、沟池、管道等有可能产生硫化氢等有毒气体的场所的清淤作业项目，发包给不具备有关条件的单位和个人。

对作业场所进行全面排查，可能产生硫化氢等有毒气体的场所必须悬挂防中毒警示标志，安装硫化氢等有毒气体检测报警仪。要把作业现场的危险因素告知作业人员，作业现场应具有对有害气体浓度、氧含量等进行检测的手段。要为作业人员配备便携式报警仪、满足实际需要的氧气呼吸器或长管呼吸器，配备救护带、救护索等防护设施。

（3）开展科学施救的应急演练。根据硫化氢等有毒气体的特点，制定有针对性的应急预案，明确紧急情况下作业人员的逃生、自救、互救方法。现场作业人员、管理人员等都要熟知预案内容和救护设施使用方法。要加强应急预案的演练，使作业人员提高自救、互救及应急处置的能力。作业人员进入危险场所前，必须对危险场所空气进行采样分析，确定含氧量、有毒有害气体种类及其浓度，制定中毒事故预防和应急处置措施。对含有毒有害气体的作业场所，要采取强制通风置换等措施，经过检测合格。作业人员要戴好防毒面具，系好救护带，熟悉应急预案、逃生路线和人工急救方法。

（4）作业时指定专人监护，遇险时科学施救。进行危险作业时，要安排有应急救援知识的现场安全监护人员，并为其配备通讯、救援设备。现场安全监护人员负责检查作业人员佩戴防护用具和了解应急预案的情况，提前告知作业人员可能遇到的危险因素、紧急情况下的呼救方式和逃生方式，落实监督安全措施，及时制止不安全行为。作业过程中，现场安全监护人不得擅自离岗。当发生硫化氢等有毒气体中毒时，要沉着应对，冷静处理，及时报警，寻求专业救护；救援者应佩戴专业防护面具实施救援，禁止不具备条件的盲目施救，避免伤亡扩大。

**附　2007 年 1~10 月因盲目施救造成硫化氢中毒伤亡事故统计**

2007 年，由于施救不当导致伤亡扩大的事件频繁发生，国家安全监管总局对此十分重视，连续通报了多起关于因施救不当而造成的伤亡事故。现将 2007 年 1~10 月因盲目施救造成硫化氢中毒伤亡的同类事故整理如下：

2月6日，浙江省杭州市萧山污水处理有限公司在围垦区域十五工段污水管网维修过程中，2人下井作业时吸入硫化氢等有害气体发生中毒，另2人发现异常后盲目下井查看也发生中毒，共造成3人死亡，1人受伤。

4月25日，浙江省温岭石塘镇箬山“浙岭渔运243号”渔船1名船员在船舱里洗舱，导致硫化氢中毒，另有5人因施救不当相继中毒，造成2人死亡、4人受伤。

5月5日，天津市津南区振兴实业有限公司在对该区黑子食品有限公司污水处理池进行污水、污泥清理时，未经检测，就进入通风不畅的污水池内作业，2名施工人员作业时硫化氢中毒晕倒，另2名施工人员盲目下池施救，也相继晕倒，共造成2人死亡、2人受伤。

5月14日，在天津市西青区中北镇中北工业园区内阜盛道排污泵站水闸检修时，2名工作人员进入污水井内作业时晕倒，另1名职工下井救人时也晕倒在井内，共造成3人死亡。该井长1.6m、宽1.5m、深5.37m。当时判断为硫化氢中毒。

5月21日，江苏省苏州市昆山市经济技术开发区黄浦江改造A标工程污水井施工过程中发生硫化氢中毒事故，当时有2名施工人员下井中毒，3名施工人员盲目下井施救，也相继中毒，5人全部死亡。

5月27日，安徽省宿松县汇口镇一土炼油厂2名工人清洗炼油池，吸入了池中飘出的大量硫化氢气体导致中毒死亡，1名探亲群众盲目施救，也相继中毒死亡。

6月2日，广东省惠州市联合皮革厂1名员工在清理污水预沉池时被硫化氢熏倒，另有4名员工先后下池抢救，也相继中毒，共造成4人死亡、1人重伤。

6月9日，浙江省台州市黄岩区四方化工厂在抢修废水循环池内破损的循环管时，1名工人硫化氢中毒晕倒，又有2人相继下到池中盲目施救，也相继中毒，3人全部死亡。

6月22日，上海市虹桥临时泵站在维修作业过程中，1名下井作业人员被硫化氢熏倒，2名人员盲目下井施救，也先后中毒，3人全部死亡。

7月11日，浙江省湖州市德清县新市镇德清豪鹰生物酵母厂1名职工在酵母车间发酵罐内清理垃圾袋时硫化氢中毒晕倒，另2名职工既不及时报告，又未采取防护措施，先后进入发酵罐内盲目施救，又相继中毒晕倒。事故共造成3人死亡。

7月18日，内蒙古自治区乌海市海勃湾区公园南路清泉大街元亨路桥公司道路改造现场，1人在疏通地下排污管道时中毒，2人盲目施救也相继中毒，3人全部死亡。

8月7日，甘肃靖远县华夏纸品工贸有限公司1名职工在清理纸浆池时发生硫化氢中毒，另5名职工在营救过程中发生连锁中毒事故，造成3人死亡、3人受伤。

8月18日，上海市嘉定区由搏击市政工程公司承接的污水管道疏通工程在施工中，一人吸入硫化氢气体坠入井内，另2人先后下井施救相继中毒，3人全部死亡。

9月1日，江苏省扬州市宝应县广洋湖镇健宝有限公司(以下简称健宝公司)组织工人清理藕制品的腌制池时，1人硫化氢中毒后，8人盲目参与施救，最终造成6人死亡、3人重伤。这是一起因盲目施救造成伤亡扩大的严重事故。

9月13日12时0分，湖南郴州市宜章县瑶岗仙矿业有限公司(钨矿)9工区15中段69号脉拷作业班，在用硫黄和黄药配药时，发生化学药剂反应，产生成分为硫化氢和二硫化氢的烟雾，致7人中毒。公司接到事故报告，在抢救的过程中，又有7人中毒。在14名中毒者中，4人死亡、10人中毒。

## 三、中国石油化工集团公司石油与天然气井井控管理规定(摘要)

### 第一章　总　　则

**第一条**　为认真贯彻落实“安全第一，预防为主”的方针和“以人为本”的理念，不断强化油气勘探开发过程井控管理，严防井喷失控、$H_2S$ 等有毒有害气体泄漏事故，保障人民生命财产安全与保护环境，维护社会稳定，有利于发现、保护和利用油气资源，依据国家安全生产有关法律法规、石油行业及中国石油化工集团公司(以下简称集团公司)标准与制度，特制定本规定。

**第二条**　井控管理是一项系统工程，涉及井位选址、地质与工程设计、设备配套、安装维修、生产组织、技术管理、现场管理等各项工作，需要计划、财务、设计、地质、生产、工程、装备、监督、培训、安全等部门相互配合，共同做好井控工作。

**第三条**　本规定所称“井控”是指油气勘探开发全过程油气井、注水(气)井的控制与管理，包括钻井、测井、录井、测试、注水(气)、井下作业、正常生产井管理和报废井弃置处理等各生产环节。

**第四条**　本规定所称“三高”是指具有高产、高压、高含 $H_2S$ 特征的井。其中，“高产”是指天然气无阻流量达 $100\times10^4m^3/d$ 及以上；“高压”是指地层压力达 70MPa 及以上；“高含 $H_2S$”是指地层气体介质 $H_2S$ 含量达 1000ppm 及以上。

**第五条**　本规定适用于集团公司国内陆上石油与天然气勘探开发井控管理；海上油气勘探开发井控管理应依据海上井控管理特殊要求，在本规定基础上修订完善执行；陆上 $CO_2$ 气体、非常规天然气等勘探开发井控可参照本规定执行。

### 第二章　井控管理基本制度

**第六条**　井控分级管理制度。总部及油田企业(单位)均应成立井控工作领导小组，全面负责井控工作。

(一)集团公司成立井控工作领导小组，组长由股份公司总裁担任，副组长由分管油田企业的副总经理和高级副总裁担任，成员由石油工程管理部、油田勘探开发事业部、安全环保局、物资装备部、生产经营管理部、发展计划部、集团(股份)财务部和人事部等部门领导组成。

**第十条**　井控持证上岗制度。各级主管领导、管理人员和相关岗位操作人员应接受井控技术和 $H_2S$ 防护技术培训，并取得“井控培训合格证”和“$H_2S$ 防护技术培训证书”。

(二)“$H_2S$ 防护技术培训证书”持证岗位。

1. 机关人员：在含 $H_2S$ 区域从事钻井、测井、试油(气)、井下作业、录井作业和油气开发的相关领导及相关管理人员。

2. 现场人员：在含 $H_2S$ 区域从事钻井、测井、试油(气)、井下作业、录井作业和油气开发的现场操作及管理人员。

(三)上述培训及复审应在集团公司认证的相应培训机构进行。

**第十一条**　井控设计管理制度

(三)油气井工程设计和施工设计均应设立《井控专篇》。《井控专篇》应以井控安全和防 $H_2S$ 等有毒有害气体伤害为主要内容。

(四) 所有设计均应按程序审批，未经审批不准施工；“三高”油气井应由企业分管领导审批。如因未预见因素需变更时，应由原设计单位按程序进行，并出具设计变更单通知施工单位。组织工程设计与地质设计审查时，应有安全部门人员参与审查《井控专篇》。

**第十三条**　井控和 $H_2S$ 防护演习制度。基层队伍应根据施工需要，经常开展井控和 $H_2S$ 防护演习。演习应按程序进行，并通知现场服务的其他专业人员参加。演习应做好记录，包括班组、时间、工况、经过、讲评、组织人和参加人等。

(一) 钻井井控演习应分正常钻井、起下钻杆、起下钻铤和空井等 4 种工况。常规井演习应做到每班每月每种工况不少于 1 次，钻开油气层前需另行组织 1 次；高含 $H_2S$ 井演习应包含 $H_2S$ 防护内容，钻开含 $H_2S$ 油气层 100m 前应按预案程序组织 1 次以 $H_2S$ 防护为主要目的全员井控演习。

(二) 试油(气)与井下作业应分射孔、起下管柱、诱喷求产、拆换井口、空井等 5 种工况组织井控演习。常规井演习应每井(每月)每种工况不少于 1 次；含 $H_2S$ 井在射开油气层前应按预案程序和步骤组织以预防 $H_2S$ 为主要目的全员井控演习。

(三) 采油(气)队每季度至少应组织 1 次井控演习，含 $H_2S$ 井每季度至少应组织 1 次防 $H_2S$ 伤害应急演习。

(四) 含 $H_2S$ 油气井钻至油气层前 100m，应将可能钻遇 $H_2S$ 层位的时间、危害、安全事项、撤离程序等告知 1.5km 范围内人员和政府主管部门及村组负责人。

**第十六条**　井控装置现场安装、调试与维护制度

(五) 各类 $H_2S$ 检测仪、可燃气体检测仪、大功率声响报警器等气防器具，现场安装后应进行可靠性检测，声光报警、数值显示等达到标准后，方可投入使用。

**第二十二条**　井喷事故管理制度

(一) 根据事故严重程度，井喷事故由大到小分为Ⅰ级、Ⅱ级、Ⅲ级和Ⅳ级。

1. Ⅰ级井喷事故：发生井喷失控造成 $H_2S$ 等有毒有害气体溢散，或窜出地表、窜入地下矿产采掘坑道、伴有油气爆炸着火、危及现场及周边居民生命财产安全。

2. Ⅱ级井喷事故：发生井喷失控，或虽未失控但导致 $H_2S$ 等有毒有害气体喷出，对人员存在伤害可能，或对江河湖泊和环境造成较大污染。

3. Ⅲ级井喷事故：发生井喷事故，24 小时内仍未建立井筒压力平衡，且短时间难以处理。

4. Ⅳ级井喷事故：发生一般性井喷，企业在 24 小时内重新建立了井筒压力平衡。

(二) 发生井喷、井喷失控或 $H_2S$ 泄漏事故，事故单位应立即上报并迅速启动预案。Ⅰ级和Ⅱ级井喷事故应在 2 时内报至集团公司应急指挥中心办公室和办公厅总值班室，并同时报地方政府相关部门；Ⅲ级井喷事故应及时报集团公司进行应急预警。

(三) 发生井喷事故或 $H_2S$ 泄漏事故，均应按照“四不放过”原则调查处理。其中，Ⅰ级井喷事故和Ⅱ级井喷事故由集团公司直接调查处理；Ⅲ级井喷事故原则上由油田企业调查处理；Ⅳ级事故原则上由专业化公司或油气生产单位调查处理。

## 第三章　钻井井控管理要求

**第二十三条**　井位选址基本要求

(一) 井位选址应综合考虑周边人口和永久性设施、水源分布、地理地质特点、季风方向等，确保安全距离满足标准和应急需要。矿区选址应考虑矿井坑道分布、走向、长度和深

度等。

（二）井场道路应能满足标准要求，不应有乡村道路穿越井场，含 $H_2S$ 油气井场应实行封闭管理。

（三）油气井井口间距不应小于 3m；高含 $H_2S$ 油气井井口间距应大于所用钻机钻台长度，且最低不少于 8m。

**第二十五条　钻井井控基本要求**

（一）钻井施工应安装井控设备。防喷器压力等级应与裸眼井段最高地层压力相匹配，尺寸系列和组合形式应视井下情况按标准选用；压井和节流管汇压力等级和组合形式应与防喷器最高压力等级相匹配。当井下地层压力高于现有最高额定工作压力级别井控装置时，井控装置可按最大关井井口压力选用。

（二）区域探井、高压及含硫油气井钻井施工，从技术套管固井后至完井，均应安装剪切闸板。

（三）钻井队应按标准及设计配备便携式气体监测仪、正压式空气呼吸器、充气机、报警装置、备用气瓶等，并按标准安装固定式检测报警系统。

（四）每次开钻及钻开主要油气层前，应向施工人员进行地质、工程和应急预案等井控措施交底，明确职责和分工。

（五）新区第一口探井和高风险井应进行安全风险评估，落实评估建议及评审意见，削减井控风险。

（六）“三高”油气井应确保 3 种有效点火方式，其中包括一套电子式自动点火装置。

**第二十六条　钻开油气层应具备的条件**

（二）应急基本条件。高含 $H_2S$ 油气井钻开产层前，应组织井口 500m 内居民进行应急疏散演练，并撤离放喷口 100m 内居民。

**第二十七条　进入油气层主要井控措施**

（五）在含硫油气层钻进，泥浆中应提前加入足量除硫剂，并保证 pH 值不小于 9. 5。

**第二十九条　井喷失控处理原则**

（四）含 $H_2S$ 油气井发生井喷失控，在人员生命受到严重威胁、撤离无望，且短时无法恢复井口控制时，应按照应急预案实施弃井点火。

**第三十一条　裸眼井中途测试基本要求**

（六）含硫气井中途测试前，应进行专项安全风险评估，符合测试条件应制定专项测试设计和应急预案。

（七）含硫油气层测试应采用抗硫封隔器、抗硫油管和抗硫采气树。对“三高”油气井测试时，应准备充足的压井材料、设备和水源，以满足正反循环压井需要。

**第三十二条　液相欠平衡钻井井控特殊要求**

（一）液相欠平衡钻井实施条件。

1. 对地层压力、温度、岩性、敏感性、流体特性、组分和产量基本清楚，且不含 $H_2S$ 气体。

（三）液相欠平衡钻井施工前期条件。

（五）进行液相欠平衡钻井时，如发现返出气体中含 $H_2S$，钻具内防喷工具失效，设备无法满足工艺要求或地层溢出流体过多等任何一种情况时，应立即终止欠平衡钻井作业。

**第三十三条**　气体钻井井控特殊要求。

（一）气体钻井施工基本条件

2. 地层出水量不影响井壁稳定和气体钻井工艺实施，且所钻地层不含 $H_2S$ 气体。

3. 钻井过程发现返出气体含有 $H_2S$，应立即停止气体钻井并转换为常规钻井。

## 第四章　录井井控管理要求

**第三十四条**　录井队应结合钻井队应急预案编制防井喷、防 $H_2S$ 应急预案，并参加联合应急演练。

**第三十五条**　在含 $H_2S$ 区域或新探区录井作业时，应按标准安装固定式气体检测报警系统及声光报警系统，配备便携式气体检测仪、正压式空气呼吸器。

**第三十八条**　发现有油气或 $H_2S$ 显示，应先向当班司钻报告，同时向现场监督、值班干部报告。

**第四十条**　若发生井喷或 $H_2S$ 浓度超标，应按井队应急预案统一行动。

## 第五章　测井井控管理要求

**第四十五条**　在含 $H_2S$ 井测井时，入井仪器、电缆应具有良好的抗硫性能；现场至少应配备空气呼吸器和便携式 $H_2S$ 检测仪各 3 套。

## 第六章　试油(气)与井下作业井控管理要求

**第五十条**　试油(气)与井下作业施工应有地质设计、工程设计和施工设计，设计应有井控和 $H_2S$ 防护内容，长停井作业井控措施应充分考虑区域地质特点和该井现状。

**第五十一条**　井场设备就位与安装应符合有关规定，道路及井场布置应能满足突发情况下应急需要。

**第五十二条**　在含 $H_2S$ 区域进行试油(气)与井下作业施工时，应按规定配备气防设施。

**第六十二条**　含 $H_2S$ 油气井作业应制定应急预案，并报当地政府审查备案，同时应将 $H_2S$ 气体及危害、安全事项、撤离程序等告知 1.5km 范围内人员。

## 第七章　油气生产井井控管理要求

**第六十七条**　“三高”气井应安装井口安全控制系统；含 $H_2S$ 井场应安装固定式 $H_2S$ 检测仪和防爆排风扇等，并配备足够数量的气防器具。

**第六十九条**　采油(气)井在生产过程中，应严格执行生产管理制度，及时开展生产动态监测和分析；含 $H_2S$、$CO_2$ 等酸性气体的采气井，应按照工艺设计要求采取防腐、防垢、防水合物等工艺措施。

## 第八章　附　则

**第七十七条**　各油田企业应根据本规定，并结合本地区油、气和水井的特点，制定具体实施细则。

**第七十八条**　本规定由集团公司安全环保局负责解释。

**第七十九条**　本规定自 2011 年 1 月 1 日起执行，原《中国石油化工集团公司石油与天然气井井控管理规定(试行)》(中国石化安〔2006〕47 号)同时废止。

## 四、国家安全监管总局劳动保障部　关于近期两起中毒事故的通报

各省、自治区、直辖市及新疆生产建设兵团安全生产监督管理局、劳动和社会保障厅（局），有关中央企业：

2007年9月13日，湖南郴州瑶岗仙矿业有限责任公司九工区残矿砂作业班组，在15中段69号脉探矿平巷进行选矿作业时发生中毒事故，造成14人中毒，其中5人死亡；10月11日，山东烟台凯实工业有限公司备料二车间操作人员在上料过程中发生硫化氢中毒事故，造成5人死亡。

事故发生后，国务院领导同志高度重视，作出重要批示，要求认真核查，吸取事故教训，加强安全生产防护措施和职工安全教育工作，通报各地防止类似事故发生。国家安全监管总局、劳动保障部主要领导同志对湖南郴州“9·13”事故有关工作做出部署，派员会同卫生部有关专家赶赴现场，对事故进行核查，指导事故调查等工作。国家安全监管总局领导同志对山东烟台“10·11”事故提出要求，对同类企业要布置深入开展隐患排查治理工作，防止同类事故发生，并对事故进行跟踪督导。根据初步调查分析，现将两起事故有关情况通报如下：

一、事故单位有关情况及事故发生经过

（一）湖南郴州瑶岗仙矿业有限责任公司“9·13”事故

瑶岗仙矿业有限责任公司隶属于湖南有色金属控股集团有限公司，其前身是瑶岗仙钨矿，采矿许可证、安全生产许可证等证照齐全，年产一级黑钨精矿2000余吨。2004年9月，该矿因资不抵债，列入破产关闭计划。2007年3月8日，郴州市中级人民法院宣布瑶岗仙钨矿破产，同日瑶岗仙矿业有限责任公司正式接管经营瑶岗仙钨矿的资产。今年1~8月份，瑶岗仙矿业有限责任公司生产黑钨精矿1695吨，其中回收残矿砂751吨。

2007年3月，广西人王熙芳经该公司15中段九工区班长刘伟同意，自带人员擅自在15中段进行化学选矿作业。工艺流程是把尾砂收集、破碎后再用溜槽把废砂石冲走，留下含硫和砷的重砂（毛精矿），再用丁基黄药和浓硫酸对重砂脱硫、脱砷洗选一次，使毛精矿变成精矿。丁基黄药是常用选矿药剂，化学名称为烃基二硫代碳酸盐，与硫酸发生化学反应产生硫化氢、一氧化碳和二硫化碳气体。

9月13日上午8时，王熙芳接到刘伟交精矿通知后，带领王小龙等6人到69号脉探矿平巷中部，先对尾砂进行粗选，然后与原来存放的2000公斤重砂一起平铺在水泥地上，播撒丁基黄药并搅拌均匀，最后在平铺的重砂上扒出两条小沟浇灌上浓硫酸，人员都撤到有新鲜风流的守护点吃中午饭。13时左右，吃过中午饭的7人分两批来到事故地点，因不知事故地点的有毒气体已经严重超标，7人先后中毒倒地。

13时10分左右，担任守护任务的工人听到呼喊后，立即呼叫附近工作的8人参与抢救，其中7人未采取任何措施先后中毒倒下。随后赶过来的救援人员用浸湿的衣物蒙住脸，将中毒人员分两批救出，送往医院抢救。

目前，该事故已造成14人中毒，其中5人抢救无效死亡，另9名中毒人员均已脱离生命危险。

（二）山东烟台凯实工业有限公司“10·11”事故

烟台凯实工业有限公司是烟台市台海投资集团有限公司与博凯（南非）公司于2001年创办的中外合资企业，属有色金属冶炼企业，证照齐全。该企业2003年4月正式投产，总投

资2.48亿元，年产金属钴600吨，原料为硫化镍精选矿，全部购于云南省元江市云锡镍业股份有限公司。

该企业的主要生产流程是，首先通过浸出工序，在浸出槽中加适量清水、废酸，边搅拌边加渣料（镍精矿），在此过程中有少量硫化氢气体生成，镍精矿渣料加完后缓慢加入氯化钠氧化剂，分解出离子镍、铜、钴、锌；其次，将含有离子镍、铜、钴、锌的溶液分离出单独的镍、铜、钴、锌；最后，通过电解制成金属板。

事故发生时，现场作业的5人都在浸出岗位上负责投料，由于一次投料过多，瞬间产生大量硫化氢气体，致使5人在几秒钟之内先后中毒倒下。在同一车间看守压滤机的人员发现这一情况后，立即报告了公司负责人，公司负责人带领有关人员携带防毒面具将5人救出送往医院，经抢救无效死亡。

二、事故原因初步分析

（一）瑶岗仙矿业有限责任公司“9·13”事故原因

湖南省人民政府于9月16日成立了事故调查组。经对事故原因进行初步分析，认定这是一起责任事故。

事故直接原因：作业人员违反《危险化学品安全管理条例》、《金属非金属矿山安全规程》等法规标准，以及企业有关残矿回收的有关规定，擅自进入已废弃的盲巷，违规在井下进行化学选矿作业。作业中丁基黄药、浓硫酸与矿石反应产生的有毒气体严重超标，引起急性中毒。参加救援人员缺乏安全知识和装备，盲目施救，导致事故进一步扩大。

事故间接原因：

1. 安全管理以包代管，残采作业现场管理混乱。企业安全管理网络不健全，作业面未配备安全员，未及时发现和制止井下违规作业行为。残矿回收班组的安全生产未纳入企业统一管理，未对作业人员进行“三级”安全教育。

2. 通风管理不善。由于近年来实行残采作业，缺乏有效管理，作业区原来通风系统被破坏，部分盲巷没有按规定要求及时封闭；风机安放位置错误，风管脱落，形成污风循环，造成事故地点无新鲜风流，有毒有害气体无法排走。

3. 职业病防治工作缺位，用工管理不规范。没有对上岗的作业人员进行岗前体检、岗前培训，也没有定期对作业场所进行有关毒物的检测。作业班组私招作业人员现象严重，企业未与私招作业人员签订劳动合同，私招作业人员未参加工伤保险。

4. 没有制定中毒事故应急救援预案，也没有中毒事故应急救援的个体防护装备，未对作业人员进行中毒事故应急救援方面的培训，未组织相关的应急演练。

（二）烟台凯实工业有限公司“10·11”事故原因

据初步调查分析，该企业生产工艺流程由企业自行设计，无设计资质。浸出工序使用的主要原料镍精矿中含有一定量的硫化铁，在正常生产情况下，硫化铁与浸出槽中的盐酸水溶液发生化学反应，生成少量的硫化氢气体，通过碱液中和装置对其进行无害化处理。如果处置不当，加料过多或过于频繁，就会产生大量硫化氢气体。为避免这种现象的发生，该工序操作规程规定，镍精矿原料必须间歇少量的缓慢加入。

事故发生的直接原因是操作人员在上料过程中，因违反操作规程，一次投料过多，发生冒槽现象后产生大量硫化氢气体，导致人员中毒死亡。事故原因正在进一步调查中。

三、有关要求

为认真贯彻落实国务院领导同志的重要批示精神，深刻吸取事故教训，防止类似中毒事故的再次发生，现就进一步加强金属矿山、有色金属冶炼企业安全生产工作提出以下要求：

（一）各金属矿山、有色金属冶炼企业要进一步落实安全生产主体责任，健全安全管理机构，配足安全管理人员，完善安全操作规程，建立和完善安全生产责任制，切实做到横向到边、纵向到底、不留死角；严格执行国家相关法律法规、标准和程序，必须选择有设计资质的单位进行建设项目设计，未设计或无资质设计的建设项目，一律不得投入生产和使用；加强职工安全意识教育和关键工艺环节的安全技能培训，把安全标准、规程的要求落实到每位职工和每个岗位上，杜绝违规操作；在企业改制过程中，要确保安全管理基本制度不变，安全管理力度不减，防止以包代管、层层非法转包的现象。

（二）各金属矿山、有色金属冶炼企业要继续深入开展隐患排查治理工作，组织开展“回头看”，尤其要对规模以下的各类中小企业以及近两年发生过事故的单位进行隐患排查治理“补课”，深入排查整改各类事故隐患和不安全因素，进一步落实各项安全防范措施。要进一步整顿规范金属矿山的矿产资源开发秩序，坚决打击超层越界、乱采滥挖等违法违规行为；井工矿要强制推行机械通风，落实防止危及人身安全和中毒窒息事故的预防措施；地下原地浸出采矿、选矿，应保持抽液量与注液量基本平衡，采场矿堆溶浸结束并滤干后，应及时进行清水洗堆和中和处理。

有色金属冶炼企业涉及高温、高压、强酸、强碱环节，要重点结合相关安全规程，排查治理起重、吊运、铸造、冶炼等生产环节和部位的安全隐患，重点强化冶炼过程和生产环节化学反应所产生的有毒、有害气体的监控和防护措施的落实。对排查出的重大隐患，要落实责任、资金和预案，限期整改，坚决做到不安全不生产。

（三）各金属矿山企业要加强作业现场安全管理和监督检查，按规程要求建立完善的通风系统，加强日常通风管理，定期检测井下风量、风速、空气质量和相关有害物质；落实职工出入井登记制度，防止非法将危险化学品带入井下；加强采空区的管理，及时封闭采空区和废弃巷道，并悬挂安全警示标志；严禁未经正规设计，擅自在井下进行化学选矿作业；对井下粗选产生的尾矿砂，必须妥善处理，避免产生事故隐患和环境污染。

（四）各金属矿山企业要加强劳动用工管理和职业病防治工作，严格井下劳动定员，不得随意增加临时用工；严格新工人招录制度，对新工人进行岗前体检和岗前培训，定期对职工进行健康监护；及时为企业各类用工人员，特别是农民工办理工伤保险手续。

（五）各金属矿山、有色金属冶炼企业要进一步加强应急救援工作，根据本企业存在的危险危害因素，制订可操作的专项应急预案，配备应对中毒事故的个体防护器具等应急装备，并对职工进行专门的应急培训，定期组织演练，提高职工应急处理能力。

（六）地方各级劳动保障部门要加强对金属矿山企业用工的监督检查，做好农民工参加工伤保险工作，与安全监管部门协同做好工伤预防工作，切实保护劳动者的合法权益。

（七）地方各级安全监管部门要加强对本辖区内金属矿山、有色金属冶炼企业的安全监管和职业卫生现场的监督检查工作，特别针对井下堆浸采矿的金属矿山企业和采用浸出工艺等有色金属冶炼企业，在地方政府的组织领导下，会同有关部门立即对相关企业开展隐患排查治理“回头看”，对没有正规设计和不符合工艺要求的生产装置一律不得投入生产和使用；对金属矿山、有色金属冶炼企业生产过程中使用化学药剂工艺的环节和事故易发多发工序，要督促企业立即排查并及时消除事故隐患，对隐患排查治理不力的，要责令停产整顿，限期整改，防止和遏制同类重特大事故的发生。

请各省(区、市)速将本通报转发到所属各有关部门和当地各金属矿山、有色金属冶炼企业。

## 五、国家安全监管总局　关于云南省昆明市安宁齐天化肥有限公司“6.12”硫化氢中毒事故的通报

各省、自治区、直辖市及新疆生产建设兵团安全生产监督管理局：

2008年6月12日19时40分，云南省昆明市安宁齐天化肥有限公司(以下简称齐天公司)在脱砷精制磷酸试生产过程中发生硫化氢中毒事故，造成6人死亡、29人中毒。为深刻吸取事故教训，坚决遏制危险化学品领域事故多发的势头，防止同类事故再次发生。现将齐天公司“6.12”硫化氢中毒事故情况及有关要求通报如下：

一、事故简要情况

齐天公司位于昆明安宁市连然镇保兴社区杨柳庄，属于法人独资的有限责任公司，2007年1月取得危险化学品生产企业安全生产许可证。主要产品为过磷酸钙，生产能力10万吨/年。

2008年6月初，齐天公司因市场原因，经过实验室试验后，决定自行将过磷酸钙生产装置改为饲料磷酸氢钙生产装置，自行设计、自行安装、改造设备，进行试生产。生产磷酸氢钙首先要对磷酸进行脱砷精制。其工艺过程是用硫化钠溶液与磷酸中的砷反应，生成硫化砷，经沉淀脱水去除，生成精制磷酸。脱砷精制磷酸过程伴有硫化氢气体产生。

6月12日18时30分，操作人员在硫化钠水溶液配置槽配置硫化钠水溶液后，打开底部阀门，向磷酸槽加入硫化钠水溶液。19时30分，操作人员在调节阀门时，发现该阀门不能关闭，由于没有采取应急措施，硫化钠水溶液持续流入磷酸槽，使磷酸槽中的硫化钠大大过量，产生的大量硫化氢气体从未封闭的磷酸槽上部逸出，导致部分现场作业人员和赶来救援的人员先后中毒，造成6人死亡、29人不同程度中毒(其中2人伤势较重)。

根据事故调查组的初步分析判断，脱砷精制工艺设计存在缺陷，硫化钠水溶液配置槽出口管道没有配置能够自动显示和控制硫化钠水溶液流量的装置，只能靠作业人员观察液位下降的速度，通过手动调节阀门来控制硫化钠水溶液的流量，而正是由于这个阀门失控，导致硫化钠水溶液配置槽中的硫化钠水溶液全部流入磷酸槽，产生大量硫化氢，是这起事故的直接原因。磷酸槽顶未封闭，没有配备有害气体收集处理设施和检测(报警)仪器；向磷酸槽加入硫化钠水溶液的管口安装在磷酸槽液面的上部，致使反应产生的硫化氢气体迅速在空气中扩散，是这起事故的重要原因。

二、事故暴露出的问题

(一)齐天公司改建项目在没有正规设计、未经安全许可、没有安全设施的情况下，自行组织设备制作、施工和安装，属非法建设项目。

(二)齐天公司直接将实验工艺用于工业生产，对伴有硫化氢气体产生的危险工艺在没有进行安全论证的情况下直接建成化工装置并组织试生产。试生产过程安全管理混乱，在没有完成全部设备安装、没有制定周密试车方案的情况下，边施工、边组织试生产。没有对试生产过程中可能产生的危险因素进行辨识，没有任何安全措施，没有应急预案，贸然组织试生产，导致事故发生。

(三)齐天公司现场操作人员安全意识差，缺乏对工艺技术危险性的认识和应急救援相关知识，在阀门失控后，没有采取应急措施。救援人员在施救过程中，未采取防范措施，盲目施救，导致伤亡进一步扩大。

三、有关要求

（一）切实加强对危险化学品建设项目安全监管。新建、改建和扩建危险化学品建设项目要严格执行设立安全审查、安全设施设计审查、安全设施竣工验收和试生产（使用）方案备案等制度。危险化学品建设项目必须经过有资质的设计单位设计，施工和工程监理必须由具有相应资质单位承担。要加强危险化学品建设项目试生产过程中的安全监管工作，建设单位应当将试生产方案报相应的安全监管部门备案，有条件的安全监管部门要对试生产方案进行安全审查。对未备案的试生产项目，一律依法责令停止试生产活动并依据有关规定给予处罚。

（二）各级安全监管部门要严格危险化学品建设项目"三同时"管理，严把项目安全准入关，按照有关法规、文件的规定和要求，切实抓好危险化学品建设项目安全许可工作。化工企业要针对工艺特点，对试生产过程中可能产生的危险进行风险辨识和分析，制定应急预案，严禁将"实验室"工艺未经安全论证，直接放大用于工业生产。要加强对岗位操作人员的安全意识、防范事故能力和应急处置能力的培训，确保安全生产。

（三）深化危险化学品和化工企业隐患排查治理工作。结合当前开展的安全生产百日督查专项行动，继续深化化工企业隐患排查治理和安全生产整治工作。企业要按照国务院安委会办公室安委办明电〔2007〕9号文件中关于化工企业安全生产隐患自查自改的指导意见，深入进行排查，及时消除安全生产隐患。各地安全监管部门要加强对使用危险工艺的企业、发生伤亡事故的企业、安全距离存在问题的企业、基础条件差和规模小的生产经营企业的日常监管。

（四）深刻吸取事故教训，避免硫化氢中毒事故的发生。各级安全监管部门要加强对有含硫原油加工、天然气开采、化工精制脱硫工艺、污水管道清理、有机物发酵腐败场所、食品腌制等可能产生硫化氢等有毒有害气体场所生产经营单位的安全监管。要按照《国家安全监管总局关于今年以来发生的硫化氢中毒因盲目施救造成伤亡扩大事故情况的通报》（安监总危化〔2007〕187号）要求，对本单位产生和容易积存硫化氢的装置、设备、设施和重点部位以及其他产生有毒有害气体的危险作业场所进行全面普查和风险辨识；建立和完善防中毒、防窒息的安全管理制度，配备相应的安全防护器材，建立作业前的中毒和窒息危害辨识制度，开展科学施救的应急演练。

请将本通报及时转发到辖区内的有关部门和化工企业。

# 复 习 题

## 一、填空题

1. 硫化氢是一种________、________（透明），比空气重的气体。低含量硫化氢具有一种类似________气味的气体。

2. 所有的气体通常都是从七个主要方面描述的：颜色、________、密度、________、可燃性、可溶性和沸点。

3. 硫化氢的爆炸极限是________。

4. 硫化氢主要通过三个途径进入人体，分别是：________、________、________。

5. 硫化氢的阈限值为________。

6. 硫化氢的安全临界浓度是________________。

7. 硫化氢的危险临界浓度为________。

8. 携带式正压空气呼吸器的组成主要有五部分，分别是________、________、________、________、________。

9. 正压空气呼吸适用范围：____________________________。

10. 钻井作业硫化氢易泄漏危险部位____________________________。

11. 事故应急管理的过程包括________、________、________、________四个阶段。

12. 事故应急救援体系响应程序按过程可分为________、相应级别确定、________、救援行动、________和应急结束等几个过程。

13. 人体的生理指标是指________、________、________、________。

14. 在事故现场没有担架或现场不能使用担架的情况下可采用________、________、________等方法将硫化氢中毒者转移到安全地带。

15. 心肺复苏时，病人应处于________位。

16. 打开气道的方法________、________。

17. 在生产、作业中违反有关安全管理的规定，因而发生重大伤亡事故或者造成其他严重后果的，处________有期徒刑或者拘役；情节特别恶劣的，处________有期徒刑。

18. 在安全事故发生后，负有报告职责的人员不报或者谎报事故情况，贻误事故抢救，情节严重的，处________有期徒刑或者拘役；情节特别严重的，处________有期徒刑。

19. 河南油田事故隐患分为____________________________。

20. 河南油田违章的类型有____________________________。

21. 可能导致人员受伤、职业病或系统严重损坏、环境严重污染以及政府要求限期治理的隐患属于____________。

## 二、选择题

（一）单选题

1. 所有的气体通常都是从(　　)主要方面描述。

A. 五个　　B. 六个　　C. 七个　　D. 八个

2. 硫化氢的爆炸极限是(　　)。

A. 4. 3%～46%　　B. 4. 6%～43%　　C. 4. 3%～49%　　D. 4. 6%～49%

3. 硫化氢的阈限值为(　　)。

A. 20ppm　　B. 10ppm　　C. 15ppm　　D. 30ppm

4. 工作人员在露天安全工作可接受的硫化氢最高浓度为(　　)。

A. 20ppm　　B. 10ppm　　C. 15ppm　　D. 30ppm

5. 硫化氢的危险临界浓度为(　　)，达到此浓度，现场作业人员应按预案立即撤离现场。

A. 30ppm　　B. 50ppm　　C. 100ppm　　D. 150ppm

6. 硫化氢达到(　　)浓度会立即对生命造成威胁，或对健康造成不可逆转的或滞后的不良影响，或将影响人员撤离危险环境的能力，即对生命或健康有即时危险的浓度。

A. 100ppm　　B. 150ppm　　C. 300ppm　　D. 450ppm

7. 在进入怀疑有硫化氢存在的地区前，应先进行检测，以确定其是否存在及其浓度。检测时要佩戴(　　)。

A. 防毒面罩　　B. 长管呼吸器

C. 口罩　　D. 正压式空气呼吸器

8. 对生命健康有影响，应挂(　　)。

A. 绿牌　　B. 黄牌　　C. 红牌　　D. 蓝牌

9. 在进行 CPR 之前，受害者的体位是(　　)。仰卧于坚实平面如木板上。

A. 仰卧位　　B. 侧卧位　　C. 俯卧位　　D. 随意位

10. 如果受害者的意识丧失、呼吸停止，应立即实施胸外按压，按压与通气比(　　)。

A. 15∶2　　B. 15∶1　　C. 30∶2　　D. 20∶1

11. 胸外按压频率一般要求每 1 分钟按压(　　)。

A. 80 次　　B. 90 次　　C. 100 次　　D. 120 次

12. 便携式硫化氢检测仪使用方法的第一步是(　　)

A. 检查电源电压　　B. 开启电源　　C. 零点校正　　D. 正常测试

13. 在使用正压空气呼吸器时，应随时观察压力表的指示读数，当压力下降到(　　)MPa 时，应及时撤离现场。

A. 5～6　　B. 10～15　　C. 15～20

14. 硫化氢的毒性，几乎与氰化氢同样剧毒。较一氧化碳的毒性大(　　)。

A. 二至三倍　　B. 五至六倍　　C. 三至四倍

15. 硫化氢被点火时能在空气中燃烧，燃烧时产生(　　)火焰。

A. 红色　　B. 黄色　　C. 蓝色

16. 硫化氢的探头安装位置：一般安装在离可能泄露硫化氢气体地点处(　　)范围内。

A. 一米　　B. 半米　　C. 两米

17. 没有戴上合适呼吸装备的人(　　)进入硫化氢可能积聚的地区。

A. 视情况　　B. 领导批准可以　　C. 不要

18. 高级报警是指：(　　)

A. 声音　　B. 灯光　　C. 灯光和声音

19. 固定式硫化氢监测仪(　　)校验一次。在超过满量程浓度的环境使用后应重新校验。

A. 半年　B. 一年　C. 两年　D. 三年

20. 便携式硫化氢监测仪(　　)校验一次。在超过满量程浓度的环境使用后应重新校验。

A. 半年　B. 一年　C. 两年　D. 三年

21. 硫化氢是属于(　　)危险危害因素。

A. 物理性　B. 化学性　C. 生物性　D. 其他

22. 在生产、作业中违反有关安全管理的规定，因而发生重大伤亡事故或者造成其他严重后果的，处(　　)有期徒刑或者拘役。

A. 三年以下　B. 三年以上七年以下

C. 五年以下　D. 五年以上

23. 对违章指挥、违规指使员工违反上述禁令的管理人员，给予(　　)处分。

A. 行政警告直至撤职　B. 记过直至撤职

C. 记大过直至撤职　D. 行政警告直至离岗培训

24. 气体的爆炸范围(　　)，越容易爆炸。

A. 越大　B. 越小　C. 不一定

25. 硫化氢燃烧时产生的气体是(　　)。

A. 二氧化硫　无毒　B. 二氧化硫　有毒

C. 硫酸　有毒　D. 硫酸　无毒

26. 硫化氢的危险临界浓度为(　　)是硫化氢监测的三级报警值。

A. 80ppm　B. 100ppm　C. 120ppm　D. 150ppm

27. 硫化氢报警级别可以分为(　　)。

A. 二级　B. 三级　C. 四级　D. 五级

28. $SO_2$ 的阈限值为(　　)。

A. 2ppm　B. 4ppm　C. 6ppm　D. 10ppm

29. 心跳呼吸骤停后(　　)内，人体内储存的氧气尚能勉强维持大脑的需要。

A. 4min　B. 6min　C. 8min　D. 10min

30. 心肺复苏开始的越(　　)，其成功率就越高。

A. 早　B. 晚　C. 其他

31. 心肺复苏术被称为(　　)。

A. CPR　B. CRP　C. PRC

(二) 多选题

1. 硫化氢可以通过(　　)进入人体

A. 呼吸道　B. 皮肤　C. 消化道　D. 神经系统

2. 硫化氢可以对人体(　　)造成主要损害。

A. 中枢神经系统　B. 呼吸系统　C. 心肌　D. 四肢

3. 石油作业过程中哪个环节可能存在硫化氢气体。(　　)

A. 钻井　B. 井下　C. 采油集输　D. 炼油

4. 硫化氢浓度的描述方式有(　　)。

A. 体积比浓度　B. 质量比浓度　C. 溶解比浓度　D. 面积比浓度

5. 硫化氢作业人员是指所有准备或已经进入含硫化氢区域施工或生产工艺的(　　)。

A. 领导　B. 专业技术人员　C. 现场作业人员　D. 现场监督

6. 人体的生理指标是指(　　)。

A. 体温　B. 脉搏　C. 呼吸　D. 血压

7. 硫化氢浓度(　　)应挂红牌。

A. 小于 20ppm　B. 大于或可能大于 $15mg/m^3$

C. 大于或可能大于 20ppm　D. 大于或可能大于 $30mg/m^3$

8. 将中毒者转移到安全地带的徒手救护技术有(　　)。

A. 拖两臂　B. 拖衣服

C. 两人抬四肢　D. 软担架转移技术

9. 开放气道的方法(　　)。

A、仰头抬颈法　B. 仰头举颏法　C. 压颌抬颈法

10. 心肺复苏有效的指标包括(　　)。

A. 瞳孔、面色　B. 颈动脉搏动　C. 意识　D. 自主呼吸

11. 钻井作业和井下作业的基本配置包括(　　)。

A. 至少配备 4 台便携式硫化氢和二氧化硫的气体检测仪;

B. 一定数量的救生绳索和安全带;

C. 配备与空气呼吸器气瓶压力相应的充装设备;

D. 每个井场应至少有 3 个指示风向的风向标。

12. 携带式正压空气呼吸器的组成部分包括(　　)、背托总成等。

A. 面罩总成　B. 供气阀总成　C. 气瓶总成　D. 减压阀总成

13. 正压式空气呼吸器使用注意事项包括(　　)。

A. 不得猛开气瓶阀，防止气瓶阀损坏

B. 在使用过程中，应随时观察压力表的指示数值

C. 当压力下降到 5~6MPa 时，报警器将发出报警声响，此时应立即撤离现场，不应在现场停留。

D. 面罩系带必须收得过紧，面部感觉紧蹦为合适。

14. 固定式硫化氢监测仪的主机应安装在(　　)。

A. 录井拖车　B. 总监或平台经理室内

C. 室外　D. 调度室

15. 在钻井、井下作业过程中应配备空气呼吸站和相应的(　　)组成供气系统。

A. 面罩　B. 管线　C. 应急气瓶　D. 口罩

16. 采油作业、增产措施作业、油气处理场所、炼油厂、化工厂等作业过程中都必须配备一定数量的(　　)。

A. 便携式正压空气呼吸器　B. 空气呼吸器气瓶压力相应的充装设备

C. 固定式硫化氢监测仪　D. 便携式硫化氢监测仪

17. 下列属于事故应急救援基本任务的有(　　)。

A. 营救受害人员　B. 迅速控制事态

C. 消除危害后果　D. 查清事故原因

18. 应急工作涉及多个公共安全领域，构成一个复杂的系统，具有(　　)特点。

A. 不确定性　B. 突发性

C. 应急活动的复杂性　　D. 后果易猝变、激化和放大

19. 事故应急管理的过程包括(　　)四个阶段。

A. 预防　　B. 准备　　C. 响应　　D. 恢复

20. 应急管理是对重大事故的全过程管理，贯穿于事故发生(　　)的各个过程，充分体现了“预防为主，常备不懈”的应急思想。

A. 前　　B. 中　　C. 后　　D. 末

21. 在事故应急恢复阶段中要求立即进行的恢复工作包括(　　)

A. 急救与医疗　　B. 原因调查　　C. 清理废墟　　D. 事故损失评估

22. 事故应急救援体系响应程序按过程可分为(　　)、应急恢复和应急结束等过程。

A. 接警　　B. 相应级别确定　　C. 应急启动　　D. 救援行动

23. 硫化氢的腐蚀类型，主要有(　　)。

A. 电化学失重腐蚀　　B. 氢损伤　　C. 酸腐蚀　　D. 气体腐蚀

24. 硫化氢腐蚀的影响因素有(　　)。

A. 材料因素　　B. 环境因素的影响　　C. 环境污染　　D. 温室效应

25. 材料因素中影响钢材抗硫化氢应力腐蚀性能的主要有材料的(　　)等等。

A. 显微组织　　B. 强度　　C. 硬度　　D. 合金元素

26. 硫化氢腐蚀的环境因素影响有(　　)。

A. 硫化氢浓度　　B. pH 值　　C. 温度　　D. 地理位置

27. 硫化氢对钢材的腐蚀从腐蚀机理上来说属于电化学腐蚀的范畴，而主要的表现形式就是应力腐蚀开裂。它的发生一般认为需同时具备三个基本条件，(　　)。

A. 一定的拉应力　　B. 敏感材料　　C. 特定环境　　D. 地理位置

28. 二氧化硫中毒症状可以分为(　　)。

A. 刺激反应　　B. 轻度中毒　　C. 中度中毒　　D. 重度中毒

29. 严禁无操作证从事(　　)，违者予以开除并解除劳动合同

A. 电气　　B. 起重　　C. 电气焊作业　　D. 监火

30. 违反下列哪项将予以开除并解除劳动合同。(　　)

A. 禁烟区域内吸烟　　B. 在岗饮酒

C. 高处作业不系安全带　　D. 水上作业不按规定穿戴救生衣

31. 严禁违反操作规程进行(　　)，违者予以行政处分并离岗培训，造成后果的，予以开除并解除劳动合同。

A. 用火　　B. 进入受限空间　　C. 临时用电作业

32. 严禁(　　)作业违反井控安全操作规程，违者予以行政处分并离岗培训，造成后果的，予以开除并解除劳动合同。

A. 钻井　　B. 测井　　C. 井下　　D. 录井

33. 硫化氢是一种(　　)的气体。

A. 剧毒　　B. 无色(透明)　　C. 比空气重　　D. 比空气轻

34. 硫化氢的溶解度与(　　)有关。

A. 温度　　B. 气压　　C. 湿度　　D. 地域

35. 硫化氢是一种(　　)气体。

A. 毒性　　B. 窒息性　　C. 刺激性　　D. 腐蚀性

36. 存在硫化氢危害的现场实施现场自救与互救时离开毒气区应注意(　　)。

A. 了解硫化氢气体的来源地;

B. 确定风向;

C. 确定进出线路

**三、判断题**

1. 硫化氢是一种剧毒气体、高含量硫化氢具有一种类似臭鸡蛋的气味。(　　)

2. 硫化氢气体可以溶于水、乙醇、甘油、污水中。(　　)

3. 在油气勘探开发作业和生产工艺过程中，存在或可能产生硫化氢的作业都被称为硫化氢作业。(　　)

4. 几乎所有工作人员长期暴露都不会产生不利影响的某种有毒物质在空气中的最大浓度被称为安全临界浓度。(　　)

5. 热作用于油层时，石油中的有机硫化物分解，会产生出硫化氢气体。(　　)

6. 油罐的顶盖、计量孔盖和封闭油罐的通风管，都是硫化氢向外释放的途径。在井口、压井液、放喷管、循环泵、管线中也不可能有硫化氢气体。(　　)

7. 水池管道中长期注入含氧水(如海水、含盐水、地下水)，在注入过程中由于硫酸盐还原菌的作用，会导致水池中的溶液“酸化”而产生硫化氢。(　　)

8. 业主或生产经营单位应按照硫化氢的内容发布所发生的危险情况及危险程度和要求。(　　)

9. 凡在可能含有硫化氢场所工作的人员均应接受硫化氢防护培训，并取得“硫化氢防护技术培训证书”。明确硫化氢的特性及其危害，明确硫化氢存在的地区应采取的安全措施，以及推荐的急救程序。(　　)

10. 心肺复苏开始的越早，其成功率就越高。(　　)

11. 空气呼吸器在下次使用之前充填或更换充满的气瓶。(　　)

12. 空气呼吸器的气瓶除了充装纯净的、符合要求的空气，还能充装其他气体。(　　)

13. 固定式空气呼吸站是一个远距离空气供应装置，可以同时供多人使用。(　　)

14. 硫化氢监测仪分为：便携式和固定式两大类。(　　)

15. 硫化氢监测仪的配置原则：在硫化氢容易泄漏的部位应设置固定式多点硫化氢监测仪探头，并在探头附近同时设置报警喇叭，主机应安装在控制室内。(　　)

16. 硫化氢气体的检测一般用两种方法：一是现场取样化验室测定法、二是现场直接测定法。(　　)

17. 便携式硫化氢检测仪使用时注意不得超时限使用，防碰击。(　　)

18. 硫化氢检测仪为精密仪器，可以拆动，防止破坏防爆结构。(　　)

19. 硫化氢监测仪在超过满量程浓度的环境使用后应重新校验。(　　)

20. 硫化氢存在于石油石化各个生产环节中，如钻井、测(录)井、井下作业、采油(气)、集输、仓储和炼制过程等。(　　)

21. 对可能发生硫化氢中毒的作业场所，在没有适当防护措施的情况下，任何单位和个人必须强制作业人员进行作业。(　　)

22. 在发生硫化氢泄漏且硫化氢浓度不明的情况下，可以使用隔离式防护器材或者使用过滤式防护器材，对从事硫化氢作业的人员，要按国家有关规定进行定期体检。(　　)

23. 禁止任何人员在不佩戴合适的防毒器材的情况下进入可发生硫化氢中毒的区域，并

禁止在有毒区内脱掉防毒器材。遇有紧急情况，按应急预案进行处理。(　　)

24. 要根据不同的生产岗位和工作环境，为作业人配备适用的防毒防护器材，并制定使用管理规定。(　　)

25. 在有潜在硫化氢危险区域作业时．严禁一人单独前往完成任务。(　　)

26. 干燥的硫化氢对金属没有腐蚀作用。(　　)

27. 当进入怀疑有硫化氢气体存在的环境，可以用鼻子检查是否有 $H_2S$ 存在。(　　)

28. 人们可以暴露在硫化氢含量 20ppm 环境中连续工作 8 小时。(　　)

29. 一个人对硫化氢的敏感性随其与硫化氢接触次数的增加而增加。(　　)

30. 二氧化硫气体不会损伤人的眼睛和肺。(　　)

31. 气瓶只能装纯净的空气，不能装氧气。(　　)

32. 硫化氢对生命或健康有立即危险的浓度是 300ppm。(　　)

33. 最新的心肺复苏技术是以胸外按压为主，徒手除颤为辅的急救技术。(　　)

34. 呼吸器报警器完好，使用时无须在意气瓶的压力值。(　　)

35. 作业人员巡检时应佩戴便携式硫化氢监测仪，进入危险区域应注意是否有报警信号。(　　)

36. 硫化氢气体不可以通过眼睛来判断。(　　)

37. 硫化氢主要从呼吸道，只有少量经过皮肤和胃肠进入人体。(　　)

38. 硫化氢比空气密度大，所以逃生的时候应向上风方向低洼处逃生。(　　)

39. 作业场所附近的居民对紧急情况下生产设施向环境释放有毒物质有知情权。业主或生产经营单位应按照有关的规定向政府有关部门报告。(　　)

40. 搬运伤病员之前应将骨折及创伤部位予以相应处理，对颈、腰椎骨折、开放性骨折的处置要十分慎重。(　　)

**四、简答题**

1. 硫化氢的暴露极限是怎么描述的？
2. 硫化氢的浓度是怎么描述的？
3. 硫化氢中毒的医疗程序有哪些？
4. 简述硫化氢中毒现场救助程序。
5. 拖两臂的基本步骤有哪些？
6. 心肺复苏术的步骤
7. 人工呼吸急救需要哪四个步骤？
8. 胸外心脏按压术的操作要领是什么？
9. 简述心肺复苏有效的指标是什么？
10. 简述正压式空气呼吸器的工作原理是什么？
11. 便携式空气呼吸器的使用步骤有哪些？
12. 使用便携式空气呼吸器的注意事项有哪些？
13. 携式空气呼吸器使用前的安全检查内容有哪些？
14. 便携式硫化氢检测仪的使用步骤有哪些？
15. 便携式硫化氢检测仪使用时注意事项有哪些？
16. 三级警报怎样设置？
17. 硫化氢的腐蚀材料因素影响有哪些？

18. 预防硫化氢腐蚀的措施有哪些？
19. 石油天然气钻采作业中 $SO_2$ 的主要来源及危害有哪些？
20. $SO_2$ 中毒的急救措施有哪些？
21. 应急响应包括哪些内容？
22. 简述应急预案包括的内容。
23. 简述应急报告程序。
24. 事故应急救援的基本任务是什么？
25. 请叙述事故应急救援的特点。

# 参 考 文 献

1 李强，高碧桦，杨开雄，王勇．钻井作业硫化氢防护．北京：石油工业出版社，2006
2 汪东红，李宗宝．硫化氢中毒及预防．北京：中国石化出版社，2008
3 孙永壮，崔德秀，王维东．井下作业井控与有毒有害气体防护技术．东营：中国石油大学出版社，2007
4 王清．有毒有害气体安全防护必读．北京：中国石化出版社，2007
5 《钻井手册(甲方)编写组》编．钻井手册(甲方)．北京：石油工业出版社，1990
6 马永峰，王台林．井下作业井控技术．北京：石油工业出版社，2005
7 孙振纯．井控技术．北京：石油工业出版社，1997
8 彭国生．石油作业硫化氢防护与处理．东营：中国石油大学出版社，2005
9 张桂林．井下作业井控技术．北京：石油工业出版社，2006
10 朱兆华，徐炳根，王中坚．典型事故技术评析．北京：化学工业出版社，2007
11 李强．钻井作业硫化氢防护．北京：石油工业出版社，2006

# 参 考 文 献


1. [illegible]
2. [illegible]
3. [illegible]
4. [illegible]
5. [illegible]
6. [illegible]
7. [illegible]
8. [illegible]
9. [illegible]
10. [illegible]
11. [illegible]